2017-2018年中国工业和信息化发展系列蓝皮书

The Blue Book on the Development of Beidou
Navigation Industry in China (2017-2018)

2017-2018年
中国北斗导航产业发展
蓝皮书

中国电子信息产业发展研究院　编著

主　编／曲大伟

副主编／李宏伟

U0231963

人民出版社

责任编辑：邵永忠

封面设计：黄桂月

责任校对：吕　飞

图书在版编目（CIP）数据

2017 –2018 年中国北斗导航产业发展蓝皮书／中国电子信息产业发展研究院
　编著；曲大伟 主编 . —北京：人民出版社，2018.9
ISBN 978 – 7 – 01 – 019820 – 0

Ⅰ.①2… Ⅱ.①中… ②曲… Ⅲ.①卫星导航—产业发展—研究报告—中国—
　2017 – 2018　Ⅳ.①TN967.1　②F426.63

中国版本图书馆 CIP 数据核字（2018）第 217544 号

2017 –2018 年中国北斗导航产业发展蓝皮书
2017 –2018 NIAN ZHONGGUO BEIDOU DAOHANG CHANYE FAZHAN LANPISHU

中国电子信息产业发展研究院 编著

曲大伟 主编

人 民 出 版 社出版发行
（100706　北京市东城区隆福寺街 99 号）

北京市燕鑫印刷有限公司印刷　新华书店经销

2018 年 9 月第 1 版　2018 年 9 月北京第 1 次印刷

开本：710 毫米×1000 毫米 1/16　印张：10.75

字数：175 千字　印数：0,001—2,000

ISBN 978 – 7 – 01 – 019820 – 0　定价：50.00 元

邮购地址　100706　北京市东城区隆福寺街 99 号
人民东方图书销售中心　电话（010）65250042　65289539

前　言

　　卫星导航系统是国家战略性空间信息基础设施，对于保障国家安全、推动经济社会发展具有重要意义。四大全球卫星导航系统包括美国的GPS（全球定位系统）、俄罗斯的GLONASS（格洛纳斯）、欧盟的Galileo（伽利略）以及中国的BDS（北斗卫星导航系统）；区域卫星导航系统包括日本的准天顶卫星系统（QZSS）、印度的区域导航卫星系统（IRNSS）。卫星导航产业由功能配套、持续稳定的导航卫星空间运行系统、地基增强系统及其关联系统、终端产品组成。

一

　　从全球卫星导航产业发展来看，经过60多年的发展卫星导航产业已成为支撑以信息技术为代表的新一轮科技革命的重要先导力量。卫星导航技术与通信、遥感等其他卫星应用产业和大数据、云计算、物联网等交叉融合发展，促进卫星导航应用空间拓展，推动社会从工业经济向信息经济转型发展，提升国防和军队信息化和智能化水平，推动形成新的全球卫星导航产业应用格局。全球卫星导航产业进入全面渗透经济社会和国防军队建设、跨界融合新一代信息技术、加速创新应用新模式的新阶段。

　　2017年以来，世界主要国家加强战略布局，围绕卫星导航系统的卫星星座和增强系统等空间信息基础设施的竞争日趋激烈。美国持续推进GPS现代化计划，已安排1.76亿美元用于GPS III卫星的采购和研发。同时，积极引导新兴公司参与商业航天竞争。欧洲伽利略卫星导航系统加快全球组网，欧洲航天局（ESA）和欧洲全球导航卫星系统局（GSA）采用一箭四星的方式，发射了第19—22颗伽利略导航卫星。俄罗斯继续建设格洛纳斯系统，加快推进交通领域导航应用。日本加快了QZSS系统的部署进程，日本宇宙航空研究开发机构（JAXA）在日本南部鹿儿岛县的种子岛宇宙中心，成功进行 3 次 QZSS 的导航卫星发射，包括 2 颗倾斜地球同步卫星轨道（IGSO）卫星和 1 颗地球静止轨道（GEO）卫星，提前实现了 QZSS 系统第一阶段的部署。印度区域导航卫星系统遭遇了两次重大挫折，产业发展放缓。韩国开始部署自主卫星定位系统建设，谋求摆脱对 GPS 的过度依赖。

全球不同区域的卫星导航系统建设和产业发展不平衡，其中第一梯队以北美地区和欧洲地区的欧盟国家为主，第二梯队以亚太地区为主，第三梯队则包括南美和加勒比海、俄罗斯、中东和非洲地区等广大区域。未来一段时间内，需求端方面，亚太地区仍是全球卫星导航产业应用最大的区域；供给端方面，北美地区和欧盟国家凭借卫星导航先发优势和科技创新优势，仍将主导高附加值产业链环节。

二

2017 年，我国北斗系统按照"三步走"发展战略稳步建设和发展，北斗产业保障体系、应用推进体系和产业创新体系继续完善。通过对全年我国卫星导航产业和北斗产业发展分析，赛迪智库测算，认为：2017 年我国卫星导航产业产值 2650 亿元，同比增长 20.5%；2017 年我国北斗卫星导航产业规模约 1272 亿元，同比增长 33.9%。

2017 年，我国共成功发射 2 颗北斗卫星。我国北斗系统按照"三步走"发展战略稳步建设和发展，北斗二号系统性能稳中有升，北斗三号全球组网建设业已开始，北斗系统"三步走"发展战略进入"最后一步"。北斗地基增强系统一期建成并具备基本服务能力。"法制北斗"推进步伐不断向前，有关部门针对北斗导航产业各个应用领域，例如交通、应急预防、旅游信息化、民航空管等不断出台发展规划及指导意见。各省市积极探索北斗应用新模式，大力推进北斗导航产业发展，北斗区域应用取得重大进展。北斗与美国 GPS 系统、俄罗斯格洛纳斯的兼容合作取得阶段性进展，北斗国际化应用继续扩大。

三

北斗卫星导航系统作为国之重器，自诞生之初便一直受到国家和地方政府坚定支持，出台系列政策规划，对卫星导航产业长期发展进行了系统部署。2017 年，国家部门与地方政府结合北斗发展趋势和行业实际情况，纷纷编制出台支持北斗应用与产业化发展的有关政策规划，北斗产业政策体系进一步完善。

国家层面，《中华人民共和国卫星导航条例》起草工作稳步推进，草案已拟制完成，进入征求意见阶段。交通运输领域北斗应用政策密集出台，如国务院发布《"十三五"现代综合交通运输体系发展规划》，将"北斗卫星导航系统推广工程"列为交通运输智能化发展重点工程；交通运输部先后印发《关于在行业推广应用北斗卫星导航系统的指导意见》和《北斗卫星导航系统交通运输行业应用专项规划（公开版)》（与中央军委装备发展部联合印发），进一步推动北斗在交通运输行业的应用。地方层面，地方政府也纷纷出台了系列相关政策规划，如《京津冀协同推进北斗导航与位置服务产业发展行动方案（2017—2020)》《关于促进湖南卫星应用产业发展五年行动计划》《广西新一代信息技术产业发展"十三五"规划》《安徽省"十三五"电子信息制造业发展规划》《甘肃省综合防灾减灾规划（2016—2020 年)》等。

四

2017 年以来，在中央网信办、国家发改委、科技部、工信部等部门的联合推动下，北斗在能源（电力）、金融、通信等重要领域的应用不断深化；在交通运输、农业、林业、渔业、公安、防灾减灾、旅游、教育等行业领域和个人消费市场的应用遍地开花、不断深化；在民航、5G 等前沿领域的应用加快探索创新。

交通运输领域，交通运输部建立完善违规道路运输车辆消息月度抽查曝光机制；北斗在"两客一危"公路运输车辆监管领域的应用日益加深，取得了可喜成绩；北斗在智慧高速领域的应用拉开了序幕；北斗在公务车领域的监管应用范围扩大；北斗在渣土车、公交车、出租车等车辆的应用不断拓展；北斗在共享单车等新兴领域的创新应用加深。农业领域，在政策助力和市场拉动下，北斗系统应用延续快速发展态势。国家和地方层面继续出台系列利好政策，有序、健康地推动农业领域北斗应用；北斗在农业领域应用开始逐步从单纯的农机应用向系统化、集成化的农机作业调度系统演变，使得农机信息管理、农田管理、作业管理等更加高效、智能。电力领域，北斗系统应用进一步深化，北斗技术在用电信息采集、输电线路在线监测、配网移动作业、车辆定位管理、电力终端授时等领域应用日益广泛，形成了多种基于北斗的电力应用解决方案，试点推广效果显著，为电网快速发展提供了有力支撑。通信领域，北斗与移动通信产业的融合继续深入，在北斗授时、A－北斗等方面取得了阶段性成效。金融领域，北斗在金融领域的应用突破较少，规模仍有限。航空领域，民航相关政策纷纷将北斗列为重要因素纳入其中；北斗系统首次实现在民航领域的测试应用；融合北斗系统的通用航空低空空域监视与服务试点工作稳步开展；无人机领域的北斗应用引发关注。民政减灾领域，"北斗卫星导航系统国家综合减灾与应急典型示范项目"继续稳步推进，地方北斗防灾减灾应用呈现百花齐放的局面。海洋渔业领域，北斗定位和短报文通信功能在海洋渔业领域的应用继续不断拓展。公安领域，北斗在电动车防盗、高精度警保联动智能系统构建等公安领域的应用取得了阶段性成效。

五

通过回顾总结 2017 年我国卫星导航产业以及北斗卫星导航产业的发展概况，赛迪智库对 2018 年发展趋势作出如下判断：

市场规模方面，预计 2018 年我国卫星导航产业规模将达到 3246 亿元，同比增长 22.5%；2018 年我国北斗卫星导航产业规模将达到 1724 亿元，同比增长 35.5%。

全球卫星导航产业发展方面，预计 2018 年各大卫星导航系统的性能竞争将愈发激烈，新型原子钟、现代化导航信号等新一代 GNSS 系统技术将开始在新的星座中组网应用，服务性能和稳定性将成为决定各大导航系统竞争力的核心要素，并推动系统和应用技术不断创新发展。多系统多频 GNSS 产品将大范围进入大众消费级市场。随着以高精度为代表的 GNSS 产品和技术不断发展，GNSS 的应用潜能将得到进一步释放。

国内北斗导航产业发展方面，预计 2018 北斗系统将加速全球组网，在强大的市场预期和产业转型推动下，各地将加大扶持北斗产业应用推广落地，高精度应用将逐步铺开，带动北斗市场进入爆发期。随着北斗三号进一步增强短报文通信功能，通导一体将成为北斗产业差异化发展方向。万物互联的趋势将大力拉动北斗卫星导航产业发展，"一带一路"和国际合作将进入新阶段。

作为工业和信息化部赛迪智库军民结合研究所推出的第五部北斗导航产业发展蓝皮书，该书旨在全面、系统、客观总结全球卫星导航产业的发展现状，特别是近一年来我国北斗卫星导航产业取得的进展及特点趋势等，以期为有关部门决策、学术机构研究北斗卫星导航产业发展提供参考和支撑，为推动北斗系统应用和产业化发展贡献力量。

北斗卫星导航产业是典型的军民融合产业，对该领域的深入研究是一项极富挑战性的工作。赛迪智库军民结合研究所投入大量的人力、物力，进行了广泛的调查和认真细致的研究，最终形成该蓝皮书。敬请广大专家、学者和业界同仁提出宝贵意见。

目　　录

区　域　篇

企 业 篇

政 策 篇

热 点 篇

展 望 篇

综合篇

第一章　2017 年全球卫星导航产业发展状况

作为战略性新兴产业的空间信息基础设施，目前世界范围内卫星导航系统主要为覆盖全球的美国 GPS、中国北斗系统、欧洲的伽利略系统和俄罗斯的格洛纳斯系统和覆盖部分区域的印度、日本等区域系统。自从 1958 年美国国防部研发部署 GPS 系统以来，全球卫星导航产业经过 60 多年的发展，已成为支撑以信息技术为代表的新一轮科技革命的重要先导力量。卫星导航技术与通信、遥感等其他卫星应用产业和大数据、云计算、物联网等交叉融合发展，促进卫星导航应用空间拓展，推动社会从工业经济向信息经济转型发展，提升国防和军队信息化和智能化水平，推动形成新的全球卫星导航产业应用格局。全球卫星导航产业进入全面渗透经济社会和国防军队建设、跨界融合新一代信息技术、加速创新应用新模式的新阶段。

第一节　市场规模与增长

自从 20 世纪 90 年代以美国 GPS 系统的应用开始，伴随着 GPS 系统开始军民结合的应用，全球卫星导航定位产业开始从纯军事应用向民用市场进展，特别是进入 21 世纪以来，由于全球卫星导航系统呈现出 GPS 一家独大向 GPS、格洛纳斯、伽利略和北斗全球系统竞争发展的格局，加速了全球市场的开放发展。我国卫星导航产业自 2012 年北斗导航系统开始提供区域服务，经过 5 年的发展，已基本形成了行业领域消费快速发展，各应用领域加速扩展和深入，市场规模持续扩大的阶段。根据欧洲全球导航卫星系统管理局（GSA）发布了《全球导航卫星系统（GNSS）市场报告》（第五版）的数据显示，近年来全球卫星导航产业规模的区域及占比顺序分别为亚太地区的 34.5%、北美地区的 25.6%、欧盟地区的 23.1%、俄罗斯和非欧盟国家的

3

6.7%、南美和加勒比海地区的 6.1% 以及中东和非洲的 4.0%，从全球各区域的卫星导航装备保有量来看，区域和占比的顺序分别为亚太地区的 46.1%、北美地区的 16.4%、欧盟地区的 16.0%、俄罗斯和非欧盟国家的 6.3%、南美和加勒比海地区的 7.5% 以及中东和非洲的 7.7%。

从以上数据可以看出，全球不同区域的卫星导航产业发展处于不平衡的格局中，其中第一梯队以北美地区和欧洲地区的欧盟国家为主，第二梯队以亚太地区为主，第三梯队则包括南美和加勒比海、俄罗斯、中东和非洲地区等广大区域。亚太地区仍是全球卫星导航产业应用最大的区域，在未来一段时间内仍将是推动全球卫星导航产业发展的重要区域，北美地区和欧盟国家的卫星导航的科技创新水平较高，产品附加值远大于其他国家和区域的卫星导航市场装备的附加值。

卫星导航定位产业包括基于卫星导航定位系统的定位、导航和授时功能提供的相关服务，包括安装卫星导航定位、授时和导航功能的各类终端设备、卫星导航定位系统的增值服务、基于卫星导航定位系统的综合解决方案、电子地图的收入及基于卫星导航定位增强系统的各类增值服务。综合相关机构数据，赛迪智库经过测算，2017 年全球卫星导航产业规模达到 1826 亿美元左右，同比增长 6.2%。

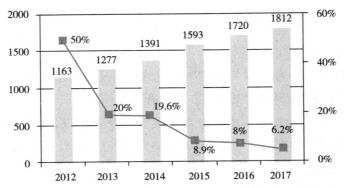

图 1-1 2012—2017 年全球卫星导航产业（核心市场）增长情况（亿美元）

数据来源：赛迪智库整理，2018 年 4 月。

第二节 基本特点

一、卫星导航系统基础设施建设竞争日趋激烈

2017年以来，世界主要国家加强战略布局，围绕卫星导航系统的卫星星座和增强系统等空间信息基础设施的竞争日趋激烈。2017年以来，美国GPS加快推进现代化，已安排1.76亿美元用于GPS Ⅲ的卫星的采购和研发。2017年12月，欧洲伽利略卫星导航系统加快全球组网，欧洲航天局（ESA）和欧洲全球导航卫星系统局（GSA）采用一箭四星的方式，在圭亚那太空中心采用阿丽亚娜5号运载火箭发射了第19颗、第20颗、第21颗和第22颗伽利略导航卫星，为欧洲伽利略系统的产业发展奠定了坚实基础。2017年，我国北斗导航系统进入"三步走"战略的最后一步，开启了北斗卫星导航系统全球组网的新时代。截至目前，我国已在西昌卫星发射中心，采用一箭双星的方式，搭载长征三号乙运载火箭（及远征一号上面级），发射第24、25、26、27、28、29、30、31颗北斗导航卫星。北斗三号全球组网卫星的连续发射，将加快实现北斗三号系统空间段的星座组网，促进北斗卫星导航系统的国际化、产业化和规模化发展。

二、卫星导航产业总体规模稳步增长

自从1958年美国国防部开始部署卫星导航系统建设应用以来，全球卫星导航应用产业已成为重要卫星应用领域之一，包括导航卫星的制造、发射，卫星导航终端设备和板块、芯片、模块等元器件生产、设计、制造和销售，卫星导航系统集成解决方案及各类增值服务。当前全球卫星导航产业规模正处于快速发展、持续增长的发展阶段。据欧洲全球导航卫星系统局的统计数据显示，全球卫星导航产业地区和国家的规模占比中，美国仍拥有领先的零部件制造商、系统集成商和增值服务提供商，在全球GNSS市场中处于领先地位，2017年美国卫星导航产业在全球卫星导航市场份额占比为29%，欧洲和

日本的卫星导航产业则在基础元器件制造商、系统集成商、增值服务提供商等方面占有相对优势，涌现出了一批以欧洲的 Hexagon、U–blox、科巴姆公司、大众公司、爱立信公司，日本的丰田公司、日产公司、本田公司、先锋公司、电装公司、歌乐公司等为代表的卫星导航产业的龙头企业，使得欧洲和日本在全球卫星导航市场份额分别为 25% 和 23%。2012 年以来，我国加快推进北斗系统产业化应用，实现了我国卫星导航产业由弱到强、从小到大的变化，基本形成了自主可控产业链，我国的卫星导航产业在全球卫星导航产业中的占比不断提高，但卫星导航产业市场仍存在着"散、乱、小、差"的问题，特别是我国卫星导航产业的骨干龙头企业仍偏小，缺乏在国际市场的具有竞争力的企业。

经过综合分析国内外主要机构 2017 年全球卫星导航产业规模，赛迪智库测算，2017 年包括基础元器件、终端制造和系统集成服务在内的全球卫星导航产业规模达到 2968 亿美元左右，与 2016 年全球卫星导航产业规模相比，同比增长了 6%。从增长速率来看，由于各类终端和系统集成的制造技术水平日趋成熟，导致全球卫星导航系统市场规模竞争加剧，价格压力不断增加，2015 年以来全球卫星导航产业的增速均低于 10%，已表现出从中高速增长向中低速增长转变的趋势。

基于卫星导航系统的集成解决方案及各类增值服务，如为交通运输提供时刻信息服务的解决方案、智能手机的应用程序等，促进其产业规模不断增长。在集成解决方案及各类增值服务中，道路交通服务和位置信息服务占据卫星导航产业核心应用规模超过 90%。据欧洲全球导航卫星系统局发布的第五版《全球卫星导航系统（GNSS）市场报告》统计数据，全球卫星导航系统应用主要分为道路交通服务、位置信息服务和其他服务等三个方面，其中道路交通服务、位置信息服务的占比分别达到 50.0%、43.4%。在其他领域服务方面，目前测绘领域和农业应用领域是主要的应用领域，无人机应用已成为新的应用方向，测绘、农业、授时、航空、航海、无人机、铁路方面应用的占比分别为 2.6%、1.3%、0.7%、0.7%、0.7%、0.5%、0.1%。

三、国家综合 PNT 体系加快构建

国家 PNT 体系指的是综合利用卫星导航定位系统、惯性导航系统、地磁

导航系统等各类时空源的基础设施，通过多源头信息融合发展，克服由于主要采用单一的定位导航方式带来的缺陷，构建领域联合、标准统一、优势互补、性能增强的应用方式，提供精确、连续、可靠的位置、时间、速度信息的时空信息服务。基于全球卫星导航系统的时空信息服务体系，由于需要通过向导航卫星、增强系统等进行信号的发送与接收，具有信号弱、穿透能力差、易被欺骗、易被干扰的特征，因此基于电磁波传输的 GPS 服务体系容易受到电磁及网络空间干扰而无法正常工作。

为保证基于全球卫星导航系统提供的时空信息服务的连续性、稳定性，美国的 GPS 系统正在大力不依赖卫星导航系统的定位、导航的技术和产品，加快构建基于 GPS 系统的国家综合 PNT 体系。一是在 2017 年举办的第十六届年度 AFCEA 陆军 IT 日活动上，美国高级研究计划局及陆军快速能力办公室，利用微电子和微机电系统（MEMS）技术，开发芯片级精确惯导装置，发展下一代定位、导航与授时（简称 PNT）技术，该技术不仅将不再依赖于 GPS 系统，而且也不会受到网络攻击活动的影响，在商业和民用交通、手机通信、科学考察等领域的应用潜力非常巨大，将对现有的基于全球卫星导航体系的发展产生革命性影响。二是加快部署国家综合 PNT 体系，美国早在 2004 年成立了由美国国防部、国家安全部、商务部、交通运输部等组成的国家天基 PNT 执行委员会，发布了美国国家天基定位、导航和授时政策、联邦无线电导航计划、国家定位导航授时体系结构实施计划、国家航天政策等系列战略规划，加快组织实施国家 PNT 体系结构、GPS 现代化、国家差分 GPS、增强罗兰（eLoran）、"灾难报警卫星系统"等系统建设，积极构建基于 GPS 系统的国家综合 PNT 体系。

我国的北斗系统也正在加快部署以北斗系统为核心的国家综合 PNT 体系。北斗卫星导航系统作为全球四大导航系统之一，经过 5 年的发展，我国已验证了新型导航信号体制、星间链路、高精度卫星钟等关键体制和技术，进一步增强了北斗系统的稳健性，已经为中国及亚太地区提供高精度、全天候的时空信息服务，随着我国北斗三号的建设发展，到 2020 年我国将建成北斗全球系统，提升系统服务能力。为了弥补北斗卫星导航系统在室内、水下、深空等领域的应用范围，我国已在 2016 年启动构建国家综合 PNT，部署安排了深空、远程地基、水下定位、导航授时、技术路线图等 9 个研究专题。在

2017 年 5 月上海举行的第八届中国卫星导航学术年会上，中国卫星导航系统管理办公室冉承其主任表示，目前中国加快推进建设以北斗卫星导航系统为核心的国家综合 PNT 体系，计划到 2030 年为国民经济发展、国防和军队建设、基础科研等领域提供可靠的时空基准服务。

四、细分领域应用发展为产业发展提供新机遇

据 GSA 的统计数据，2017 年全球卫星导航系统终端应用中，智能终端设备位居首位。由于发展中国家的经济社会不断扩大和日益增长的移动购买力，目前全球卫星导航系统设备中，智能手机仍处于主导地位，其数量达到 5.4 亿部，占到全部各类终端设备数量的 80%，排名第二的为道路交通领域的终端设备，在 2017 年中有大约 380 万台（套）。

在位置信息服务方面，一方面随着全球卫星导航系统从 GPS 一家独大向四大卫星导航系统发展的格局转变，越来越多的智能手机已集成了包括 GPS、北斗系统、格洛纳斯系统和伽利略系统的多星座全球导航卫星系统，通过使用多系统的卫星导航系统，将明显提高全球导航卫星系统的服务性能。另一方面，在软件和信息技术服务已成为引领科技创新、驱动经济社会转型发展的核心力量，强大的软件和信息技术服务业，已成为卫星导航系统应用产业打造新的竞争优势、抢占卫星导航制高点的必然选择，当前已有超过 90% 的各类应用程序的正常运行必须依赖于全球导航卫星系统提供导航、定位和授时服务。

在道路交通服务方面，一方面由于自主驾驶、人工智能的快速发展，对基于卫星导航系统的各类位置信息服务提出了高精度、低延时、高可靠性等要求。随着全球卫星导航系统的升级换代，以及地基增强系统、星基增强系统、区域增强系统等各类增强系统的不断完善，为卫星导航系统的精度、稳定性提供了保障。另一方面，世界主要国家的政府机构积极支持芯片、技术公司加快部署加快推进自动驾驶领域，这为卫星导航定位产业的发展提供了新的发展空间。

在航空市场的时空信息服务领域，各类航空器的安全运行高度依赖基于全球卫星导航系统的时空信息服务体系，终端制造厂商正在加快研发用于解

决飞机遇险跟踪的全球卫星导航系统综合解决方案。在铁路市场的时空信息服务领域，如在铁路信号中使用基于卫星导航定位系统的综合解决方案，能够明显降低铁路等交通运输过程中的成本，而且卫星导航系统解决方案正在应用于非安全应用的通用系统中。

五、跨界融合成为技术产业创新发展的新动能

当前，在卫星导航产业应用中，由跨界融合、技术创新催生的新模式新业态，已成为推动时空信息服务的新常态。一是作为当代信息技术融合发展的典型代表，基于卫星导航系统的时空信息技术，正呈现出融合软件和信息技术服务业、集成电路制造业、数据服务业等新兴产业的特点，行业领域的融合创新已成为推动卫星导航应用的新空间。二是卫星导航产业从传统的提供定位导航授时服务的传统应用，向高精度应用、电子地图、遥感测绘等相关产业拓展，与自动驾驶、地理信息、移动互联网等产业融合发展。三是融合了物联网、大数据、增强现实、智慧城市和智慧物流等技术，使得卫星导航技术成为当前在室内外环境的时空信息来源中成本最低和性能最优的融合技术。

第三节 主要国家和地区卫星导航产业进展情况

一、美国持续推进 GPS 现代化计划，积极引导新兴公司参与商业航天竞争

一是强化组织体系设计，形成军民共同管理模式。美国政府高度重视航空航天产业发展，除了在 2004 年成立直接向白宫负责的国家天基 PNT 执行委员会（简称 EXCOM，由国防部、交通部、安全部、商务部等共同组成），在 2017 年 6 月，特朗普总统签署了重建国家空间委员会的行政命令，该委员会由美国航空航天局管理员、国务卿、商务部、国防部等在内的政府机构领导人组成，成立高级别小组向总统提供国家安全、商业、国际关系、探索和科

学等方面的建议，为国家空间政策和战略提供建议和协助，组织召集用户咨询小组，使行业和其他非联邦实体的利益得到代表资格。

二是加大财政支持力度，推进军工企业和民营企业共同发展格局。为了继续推进 GPS 导航系统的现代化工程，在持续推进 GPS 系统建设的同时，进一步降低系统建设的财政预算，积极引进新兴民营企业参与系统建设，美国空军把价值 6.4 亿美元的合同分给了美国太空探索技术公司（SpaceX）和联合发射联盟（ULA），其中 SpaceX 获得了 2.9 亿美元的固定价格合同，将在 2021 年前利用"猎鹰 9 号"将 3 颗 GPS 卫星送入轨道，ULA 获得了 3.51 亿美元的合同，通过使用"宇宙神 -5"（Atlas V）火箭为美国空军执行两次飞船发射任务。

三是依靠政府和市场手段，进一步完善 GPS 产业军民融合生态体系。在 EXCOM 委员会中，成立 GPS 服务接口委员会和国际工作组及常设工作组，持续优化卫星导航应用的产业发展环境，不仅为 3 亿以上的民用和商业的全球用户提供搜索和救援服务，也为美国军队机关、美国海军气象天文台、美国国家地理空间情报局、美国国防信息系统局等国防和军队机构提供服务，此外主动开展兼容性、互操作性、透明度和市场准入的国际合作，目前已与 57 个授权联合用户开展了 25 年以上的合作，与伽利略、北斗、格洛纳斯等全球卫星导航系统及日本、印度区域系统开展合作。

四是加快推进 GPS 系统现代化计划，全面突破全数字化有效载荷技术和在轨可重新编程技术，2017 年洛克希德马丁公司将首颗 GPS Ⅲ 卫星交付美国空军，拟定于 2018 年发射，美国雷神公司将下一代操作系统交付给美国空军导航与航天系统中心，使 GPS 的下一代操作系统具备了卫星发射、在轨检查与测试能力；哈斯公司完成了 GPS 卫星关键导航有效载荷—全数字化任务数据单元的工程样机的研发，突破了 GPS 全数字化有效载荷关键技术，将实现导航信号的可重新生成与功率可调，使 GPS 系统具有更强大的导航能力。

二、欧盟加快部署伽利略系统全球组网，已具备提供全球导航服务的能力

伽利略导航定位系统，是由欧盟通过欧空局和欧洲导航卫星系统管理局

共同负责建造的纯民用的全球卫星导航系统，通过采用类似 GPS 的组网方式，在中程地球轨道上部署多颗卫星，从而实现在地球上任何一点，最少保证同时同步 4 颗卫星，提供定位、导航、测速等服务。该系统最初预算 50 亿欧元，目前已增至 70 亿欧元。预计到 2020 年，伽利略卫星导航定位系统将全面提供服务，并实现 1 米精度的民用免费开放版和商用 1 厘米的加密版。该系统的开放服务、商业服务、搜索救援服务和公共特许服务将提供多层次的准确性、鲁棒性认证性和安全性。

一是欧盟加快部署伽利略系统和欧洲地球静止导航重叠服务。欧洲地球静止导航重叠服务（EGNOS）是一种天基增强系统，可提高 GNSS 定位的准确性，并提供其在欧洲的可靠性信息，该系统提供开放服务、生命安全服务和数据访问服务，适用于飞行中的飞机或通过狭窄航道的船舶等安全应用。2017 年 3 月，欧洲全球导航卫星系统局和欧洲全球导航卫星系统局（GSA）签订了一份价值 1.07 亿美元的合同，为下一代欧洲地球静止轨道导航，即 GPS 系统在欧洲的星基增强系统，重叠服务提供载荷和服务。2017 年 12 月，在位于赤道附近的圭亚那航天发射中心，欧洲空间局将阿丽亚娜 5 号火箭（Ariane 5），搭载 4 颗伽利略导航卫星发射升空。这 4 颗卫星属于高度达 23000 公里的中程地球轨道，加上此前已经成功发射的 18 颗卫星，目前有 22 颗伽利略导航卫星在轨，这将增强伽利略卫星导航定位系统的信号强度。2018 年，欧盟将进行伽利略卫星导航系统的最后一次组网发射，达到其预设的系统性能，从而实现全星座运营，并提供首批在轨备件，形成 2 颗卫星的备份，实现对现有伽利略导航卫星星座的补充，以提高伽利略卫星导航系统的性能稳定性。

二是以位置信息服务领域和通信行业为重点，加快构建以伽利略卫星导航系统为核心的产业生态。2017 年，欧盟制定了 eCall 法规，推动了欧洲范围内车载系统（IVS）市场的增长，在欧洲范围内基于道路应用的卫星导航定位终端安装设备基数大幅增长。2017 年，作为全球领先的有线和无线通信半导体公司，美国博通公司加快推进伽利略系统的双频大众化应用，于 2017 年 9 月发布了第一款使用 L1/E1 和 L5/E5 的双频伽利略卫星导航定位系统信号的大众化市场（智能手机和移动设备）的卫星导航定位系统芯片，使得伽利略卫星导航系统可以实现双频大众化应用，显著增强了智能终端在使用移动设备定位服务时的性能，特别是在城市环境中，可以将目前的功耗降低 50%。欧洲航天局局长韦尔纳在 2018 年 1 月的发言表示，在 2017 年三星和苹果等智能手机已同时支持 GPS 和伽利略全球卫星导航系统。

三是提供免费的精密单点定位（PPP）服务。在开放服务方面，伽利略卫星导航定位系统将原先设计商业服务广播信号为付费的用户使用，决定改为免费服务，使得可以支持伽利略卫星导航系统的终端设备，实现 10cm 左右的定位精度。按照原定计划，欧洲空间局计划在 2018 年到 2019 年间，由欧洲导航卫星系统管理局遴选一批服务提供商。在公共特许服务方面的政策仍保持不变，现有体制将继续支持国家基础设施和安全相关的卫星导航终端接收装备。

四是强化核心技术的战略布局。随着伽利略卫星导航系统及其天基增强系统的建设，以及 GPS 卫星导航系统对欧洲的服务范围的覆盖，新一代的欧洲范围内导航卫星包括多星座 EGNOS、第二代伽利略（G2G）和第一代与第二代之间的一批过渡卫星。卫星导航定位系统的技术涉及时钟技术和集成、卫星间链路、推进技术、灵活的有效载荷和功率分配以及 5G 电信网络标准等。

五是伽利略卫星导航系统的原子钟大规模发生故障。2017 年 1 月，欧洲伽利略系统星上原子钟正在以惊人的速度发生故障。当时在轨运行的 18 颗伽利略导航卫星中，9 部星钟停止运行，包括 3 部铷原子钟（均发生在 Galileo – FOC 卫星上）和 6 部氢原子钟（5 部发生在 Galileo – IOV 卫星，1 部发生在 Galileo – FOC 卫星上），得益于伽利略卫星的备份、冗余方式，将每颗伽利略卫星装备两部铷钟和两部氢钟，使卫星在星钟发生初始故障后能够继续工作。目前，欧洲航天局荷兰技术中心的工作人员正与星钟的制造商瑞士 Spectratime 公司和卫星制造商空中客车和泰雷兹阿莱尼亚空间、OHB 和 SSTL 公司进行沟通，进一步调查故障并分析原因。目前，欧洲航天局正在采取包括改变星钟在轨运行的方式等行动以防止问题的进一步发生。

三、俄罗斯继续建设格洛纳斯系统，加快推进交通领域导航应用

格洛纳斯系统是由俄罗斯负责建设运行的卫星导航系统。2017 年，俄罗

斯加快推进格洛纳斯全球卫星导航定位系统的组网建设，持续优化信号体制，提高卫星导航系统的定位精度，为推进俄罗斯卫星导航产业奠定坚实基础。

一是俄罗斯加快推进格洛纳斯系统的卫星组网。2017 年 9 月，俄罗斯在普列谢茨克航天发射场，利用联盟 – 2.1B 运载火箭，将格洛纳斯 – M 导航卫星发射成功。该卫星为中地球轨道，保证了 GLONASS 系统运行与服务的稳定。截至 2017 年底，格洛纳斯卫星导航系统在轨导航卫星 25 颗，即 GLO-NASS – M 卫星 23 颗，GLONASS – K1 卫星 2 颗，其中可以提供定位、导航与授时服务的卫星 24 颗，包括 GLONASS – M 卫星 23 颗，GLONASS – K 卫星 1 颗。近年来，俄罗斯持续推进 GLONASS 系统星座维持与更新，显著改善了 GLONASS 卫星的可行性与在轨工作寿命，提升了 GLONASS 系统在四大全球卫星导航系统、两大区域卫星导航系统以及众多增强系统等多系统并存格局下全球卫星导航应用领域的影响力。

二是持续优化格洛纳斯卫星导航系统的信号体制。目前在全球四大卫星导航系统中，仅有格洛纳斯卫星导航系统采取 FDMA（频分多址）和 CDMA（码分多址），且格洛纳斯系统目前仅支持 FDMA 的信号体制，使得接收格洛纳斯信号的终端设备的前端带宽必须比较大，成本较高，而采用 CDMA 的信号体制的其他卫星导航体系，采用不同频率来区分不同卫星播发的信号，可以用较窄的前端带宽来进行接收，可以有效降低接收机成本。目前，格洛纳斯卫星导航系统正在加快推进 FDMA 和 CDMA 两种类型信号。

三是不断提高卫星导航的定位精度。在提高卫星导航定位精度方面，正式公布的格洛纳斯卫星导航系统应用的 ICD 文件中，采用电离层与对流层的修正模型，实现信号传播环境误差修正，提高用户的定位精度。

四、日本加快推进准天顶系统，提前完成系统第一阶段部署

准天顶卫星系统（Quasi – Zenith Satellite System，简称 QZSS），是 GPS 的区域增强系统，QZSS 的卫星处于大椭圆非对称"8"字形地球同步轨道，可以为闹市区和中纬山区的信息通信与导航定位提供服务。按照日本航天基本计划部署安排，QZSS 系统的部署分 2 个阶段完成，第一阶段是在 2018 年前完成由 1 颗地球静止轨道（GEO）卫星 + 2 颗倾斜地球同步卫星轨道（IGSO）

卫星组成的空间星座部署；第二阶段，2023 年前完成 7 颗卫星组成的 QZSS 系统的部署，并投入运行。

2017 年，日本加快了 QZSS 系统的部署进程，日本宇宙航空研究开发机构（JAXA）在日本南部鹿儿岛县的种子岛宇宙中心，成功进行 3 次 QZSS 的导航卫星发射，完成了 2 颗倾斜地球同步卫星轨道（IGSO）卫星和 1 颗地球静止轨道（GEO）卫星，提前实现了 QZSS 系统第一阶段的部署，并计划于 2018 年初投入初始运行。

五、印度区域卫星导航系统建设接连受挫，发展步伐放缓

自印度区域卫星导航系统组网以来，印度空间研究组织已连续发射了 7 颗导航卫星，已部署完成了区域组网的任务，由于关键核心技术尚未突破，使得 2017 年印度卫星导航产业发展受阻。一是 2017 年以来又在印度安德拉省斯利哈里柯塔岛成功发射 2 颗卫星，其中一颗因整流罩未分离造成发射失败，另外一颗成功进入轨道。

2017 年，印度 IRNSS 系统的发展遭遇了两次重大挫折。首先，2017 年 1 月底，在媒体披露 Galileo 系统星载原子钟故障事件后，印度空间研究组织（ISRO）宣布 IRNSS 系统首颗卫星的 3 部原子钟发生故障；2017 年 6 月，印度媒体再次披露 IRNSS 系统又有 4 部原子钟发生无法解释的故障。至此，在 IRNSS 系统卫星装备的全部 21 部星钟中，已有 7 部发生了故障。第二，为替换 3 部星载原子钟全部发生故障的首颗 IRNSS 卫星，2017 年 8 月 31 日印度发射了第 8 颗 IRNSS 卫星（IRNSS – 1H），但是由于整流罩未能正常分离，卫星发射失败。

六、韩国部署自主卫星定位系统建设，谋求摆脱对 GPS 的过度依赖

长期以来，韩国国内的卫星导航信息服务技术产业严重依赖美国 GPS 系统，且经常受到其他国家发射的各类电磁频谱的干扰，引发全国范围内的导航信息混乱。2018 年 2 月，韩国科学和信息通信技术部（ICT）宣布韩国定位系统（KPS）发展计划。该计划提出，在 2034 年前建造韩国导航卫星系统，可以为距韩国首都首尔半径 1000 公里的地区提供独立的定位和导航信号，未

来 KPS 还将在其服务区域内提供从 10 米左右到不到 1 米的 GPS 无辅助精确度。按照该计划实施的路线图显示，KPS 计划将于 2021 年开展地面测试，到 2022 年开始核心卫星导航技术的研发，2024 年开始实际的卫星生产。该系统将在朝鲜半岛以上的地球轨道静止部署 7 颗导航卫星，用来建设卫星导航系统的空间段。

第二章 2017 年中国北斗导航产业发展状况

北斗系统是国家重大空间信息基础设施之一。北斗卫星导航产业作为典型的军民融合产业，不仅属于航天、网络空间等新兴领域军民融合领域，而且也是国家重点发展的战略性新兴产业，对推进经济建设和国防建设融合发展具有显著的示范引领作用。作为全球四大卫星导航系统之一，自 2012 年北斗卫星导航系统提供区域服务以来，5 年来北斗卫星导航产业链不断完善，芯片、板块、模块等北斗应用的基础性产品和元器件从无到有、从有到优，实现历史性跨越；交通、渔业、农业等行业示范应用和北京、上海、江苏、广东等区域应用已经实现了从少到多、由点到面，规模化应用效益不断显现；智能终端、共享单车等大众应用从无到有，正在加速融合发展，成为推进北斗产业发展的新动能，催生了一批北斗＋新业态。

第一节 进展情况

一、北斗卫星导航系统

近年来，在党中央、国务院和中央军委的领导下，我国北斗卫星导航系统按照"三步走"发展战略，正在稳步建设和发展。截至目前，北斗二号系统性能稳中有升，北斗三号全球组网的建设已经开始，北斗系统"三步走"发展战略进入"最后一步"，已步入全球组网阶段。北斗卫星导航星座属于中高轨道，由中圆轨道卫星、倾斜地球轨道卫星和地球静止轨道卫星组成。目前，北斗三号系统加快建设，继承北斗特色，增加星间链路、全球搜索救援等新功能，播发性能更优的导航信号。截止到 2018 年 4 月，我国已在西昌卫星发射中心发射了 8 颗北斗三号全球组网卫星，为顺利推进我国北斗工程建设打下了坚实基础。自 2012 年以来，北斗二号系统已连续稳定运行 5 遍，并在亚太范围内提供区域服务，通过强化军民科技协同创新，突破导航卫星制造、发射和运行控制等关键核心技术，不断突破定位精度，发射备份卫星，提高北斗二号系统稳定性。预计 2018 年年底，我国将建成 18 颗卫星的北斗卫星导航系统，可以为"一带一路"沿线国家和地区提供时空信息服务；到 2020 年底，我国将建成由 30 颗北斗导航卫星组成的完整定位导航系统，通过全球范围的覆盖，提供时空信息服务。

二、地基增强系统

北斗地基增强系统是基于北斗系统的各类高精度应用的关键基础设施，是我国自主研制、独立运行的北斗卫星导航定位系统服务体系的重要组成部分。2017 年 6 月，中国卫星导航系统管理办公室组织相关北斗卫星导航系统领域的专家，对中国兵器工业集团作为总牵头单位，所承担的北斗地基增强系统一期项目进行了验收。通过北斗地基增强系统的建设，我国已建成了包括框架网基准站、加强密度网基准站、国家综合数据处理中心、行业数据处理中心、用户终端等构建的体系，形成了自主可控、全国产化的北斗地基增强系统服务系统。在 2018 年中国兵器工业集团公司的年度工作会议上，中国兵器集团董事长尹家绪表示，目前北斗地基增强系统可在全国范围内提供实时亚米级精准定位服务，在中东部 16 个省市提供实时厘米级精准定位服务。目前，中国兵器工业集团公司和阿里巴巴集团联合成立千寻位置网络有限公司，通过基于"北斗＋互联网"的发展思路，可以为行业领域、大众消费领域等提供提供米级、分米级、厘米级和后处理毫米级的高精度服务，可以被广泛应用于交通领域、农业领域、城市建设、智慧物流等方面。

三、政策

2017 年是我国军民融合发展的重要一年。作为典型的军民融合产业，北斗产业的发展受到了国家和地方的大力支持，一是北斗应用的国家政策持续推进，2017 年以来国务院出台的与北斗系统建设应用相关的政策文件包括

《"十三五"现代综合交通运输体系发展规划》《安全生产"十三五"规划》《国家突发事件应急体系建设"十三五"规划》《关于推动国防科技工业军民融合深度发展的意见》等。二是北斗应用的法治保障体系不断健全，成立由中央国家部委及交通、能源等组成的起草组，积极推动《卫星导航条例》起草工作取得重大进展，《条例》作为我国第一部卫星导航基本法规，对于确立北斗卫星导航系统作为我国关键信息设施的法律地位，建设全球领先的卫星导航定位系统，打造世界一流的时空信息应用服务体系，具有根本性的基础保障作用，草案内容充分体现出问题导向和军民融合的基本原则，符合我国国情和国际惯例，具有很强的现实需求和操作性，目前该条例已基本完成初稿拟制，拟近期形成征求意见稿后，按程序正式征求军地部门意见建议。三是北斗区域行业的应用政策不断完善，2017年工业和信息化部、交通运输部、民航局、农业部国家发展改革委财政部、国家海洋局等中央国家部委出台了《卫星网络申报协调与登记维护管理办法（试行）》《关于在行业推广应用北斗卫星导航系统的指导意见》《民航局关于推进国产民航空管产业走出去的指导意见》《关于加快发展农业生产性服务业的指导意见》《"一带一路"建设海上合作设想》等政策文件，为贯彻京津冀协同发展战略，北京市经济和信息化委员会、天津市工业和信息化委员会、河北省工业和信息化厅联合发布了《京津冀协同推进北斗导航与位置服务产业发展行动方案》，该行动方案确定将北斗产业作为推进京津冀协同发展战略实施的切入点和先行手段，以交通运输、智慧冬奥等为试点示范，推动北斗产业发展壮大。

四、北斗辅助定位

2017年，我国北斗辅助定位平台取得重大进展。一是千寻位置打造了全球首个支持网络辅助北斗（A－北斗）的加速辅助定位系统——FindNow，该系统结合北斗地基增强系统，可将定位精度提至厘米级，将初始定位时间缩短到3秒。据悉，加速定位服务已有200多个国家和地区4000多万用户使用，调用次数达1亿次/天。二是2017年7月，在移动智能终端峰会暨智能硬件生态大会新闻发布会上，中国信息通信研究院首次发布了网络辅助北斗/GPS位置服务平台。作为首个支持北斗卫星导航系统和GPS系统的网络辅助平台，该平台支持 OMA 和 3GPP 相关协议，对于提升我国移动智能终端产业的相关应用提供稳定、高效的位置服务，支持网络辅助 GPS 定位功能，支持 OMA 和 3GPP 相关协议，支持 2G、3G 和 4G 移动通信系统，提供全球通用安全证书，保证位置服务平台与终端的信息交互安全可信，对于促进位置服务产业的发展，全面推进北斗产业化进程具有重要作用。

五、区域发展

2017 年，北斗区域应用取得重大进展。各省市积极探索北斗应用新模式，大力推进北斗导航产业发展。一是北京市组织实施第二代卫星导航系统重大科技专项的区域示范应用项目，已建设完成 22 个基于北斗卫星导航系统的连续运行基站，该系统可以提供米级和厘米级服务，且可以提供覆盖北京区域的厘米级高精度位置信息服务，成为北京市为政府、企业和大众用户提供高精度位置服务的重要基础设施之一。二是北京市、天津市和河北省按照《京津冀协同推进北斗导航与位置服务产业发展行动方案（2017—2020 年）》及北斗相关的产业发展战略规划部署的重点任务和重大示范项目，发挥三地的优势，围绕公共安全、应急保障、交通与物流、养老、智慧冬奥等领域开展基于北斗位置信息服务的规模化应用，推动京津冀三地的北斗产业规模化发展应用和北斗产业的协同壮大发展。

六、国际合作

2017 年北斗国际合作取得重大进展。一是加强与美国 GPS 系统、俄罗斯格洛纳斯的双边合作，2017 年 10 月，由中国卫星导航系统管理办公室、中国航天科技集团、中国北方工业集团、中国电子科技集团组成的中国卫星导航系统委员会与俄罗斯国家航天集团，在俄罗斯圣彼得堡举行了中俄卫星导航重大战略合作项目委员会第四次会议，听取了监测评估、兼容与互操作、增强系统与建站、联合应用等报告，中俄双方联合举行了卫星导航监测评估联合服务声明签署暨监测评估服务平台开通仪式，签署了合作谅解备忘录、兼容与互操作联合声明、导航技术应用联合声明等重要成果文件，2017 年 12 月，中国卫星导航系统管理办公室与美国国务院空间和先进技术办公室签署

《北斗与 GPS 信号兼容与互操作联合声明》，按照声明的相关文件要求，北斗系统将和 GPS 系统持续开展兼容与互操作合作，该声明文件还提出北斗和 GPS 两种卫星导航定位系统将在国际电信联盟的框架下实现射频兼容和民用信号互操作；二是强化区域应用，结合共建一带一路倡议，以沙特和突尼斯的卫星应用为重点区域，着力构建一带一路空间信息走廊，推动北斗国际化应用，我国北斗系统已经在东盟国家、上合国家、阿盟国家等国际合作组织和俄罗斯、巴基斯坦等国家和地区开展基于北斗卫星导航定位系统的应用合作，在俄罗斯、巴基斯坦、缅甸、老挝等跨境交通运输、时空信息服务、水文信息监测管理、精准农业等行业领域提供了系统解决方案；三是中国信通院和美国高通签订北斗业务合作谅解备忘录，双方决定共同推进北斗（BDS）定位系统在智能移动终端芯片和物联网终端芯片当中的应用，将共同推动北斗商用化进程，支持北斗成为中国市场智能终端和物联网终端的标准配置，推动"LTE 移动通信终端支持北斗定位技术要求"等标准的制定与实施，推动北斗/网络辅助北斗定位功能纳入 R13 及后续版本的移动通信终端入网检测范畴。

第二节　主要特点

一、聚焦行业区域应用推进北斗产业

目前，我国在国家层面推进北斗卫星导航应用总体框架基本建立，出台了一系列政策，推动建立北斗应用的政策制度体系，加快北斗行业区域的应用。一是充分发挥北斗系统在提高交通领域的行业管理和服务水平方面的作用，围绕铁路、民航、邮政、公路、水路、公众出行、综合运输等行业全领域北斗系统应用，推动北斗系统在包含铁路、民航、邮政在内的综合交通运输体系下的全面应用，助力北斗系统建设发展。

二是在北斗区域应用方面，中国卫星导航管理办公室已经部署安排了北京、广东、上海、江苏等北斗卫星导航区域应用示范，其中北京市经信委负责承担在北京区域内的北斗卫星导航应用示范项目，围绕电商物流、智能交

通、食品安全、智能驾考、电子商务等北斗行业应用和大众领域应用,部署安装了 9 万多台北斗终端设备。该示范应用项目是全国范围内应用最广泛、终端推广量最大的城市。贵州省成立北斗云环境地质工程地灾预警专门机构,建立贵州省首家地质信息技术与物联网融合的"互联网 + 地质"自动监测平台,利用北斗系统、物联网系统、大数据采集平台、无人机建模系统、位移分析系统和三维预警分析系统,从天、空、地对地灾进行一体化监测,对贵阳、兴仁等 9 地实施监测。

三是加快推进北斗产业与智能汽车的融合发展。新一轮科技革命和产业变革、新一代信息技术变革蓬勃发展,智能汽车作为汽车产业发展的战略方向,近期国家发展改革委公布《智能汽车创新发展战略》(征求意见稿),提出到 2020 年,我国在智能汽车领域要在核心技术研发、产业生态构建、基础设施建设、政策法规体系、产品质量监督等领域取得重大进展,要实现北斗高精度时空服务的全覆盖。

二、北斗产业应用规模不断增长

一是北斗产业的应用规模不断增长。据中国卫星导航管理办公室的数据统计,2017 年我国北斗卫星导航产业对全国的卫星导航产业核心产值贡献率已达 70%,与卫星导航核心技术直接关联的芯片、基础元器件、算法和软件等核心产值已达 808 亿元。同时,由综合应用卫星导航技术所衍生或直接带动形成的关联产值达到 1310 亿元。截至 2017 年 4 月,北斗卫星导航的芯片和模块销量已突破 3000 万片,高精度板卡、天线销量已占国内市场的 30% 和 90%,用于智能手机和其他消费类产品的智能终端上的国产北斗芯片或 IP 核总量在 2200 万左右。

二是基于北斗卫星导航系统的应用加速推进。在军地部门的联合推动下,北斗应用在交通运输、电力通信、农林牧渔、防灾减灾等行业领域遍地开花,效果显现;在可穿戴式设备、城市快递、移动健康医疗、互联网汽车、共享单车、电动自行车安防等大众消费的细分领域不断获得重大突破。全国已有 400 多万辆营运车辆安装了北斗兼容终端,建立了涵盖测试、审查、数据接入、管理、考核等要素在内的整套营运车辆动态监控管理体系,形成了全球最大的车辆动态监管系统，提高了交通运输安全水平。在北斗"百城百联百用"行动计划中，由中国卫星导航定位协会与中国位置网服务联盟主导的国家北斗精准服务网作为核心组成部分，已逐渐为300多座城市的各行业应用提供了北斗精准服务。大众消费领域北斗应用持续拓展，高精度导航定位接收机约14万台/套。

三是面向社会发布北斗辅助定位系统，助力北斗在信息通信领域的应用。作为北斗产业链中重要的公共基础设施，于2017年中国信息通信研究院发布的"网络辅助北斗/GPS位置服务平台"，可以向智能终端提供北斗星历和初始位置信息，和传统的北斗/GPS定位相比，大幅缩短首次定位时间，提高位置信息服务的成功率，并降低了智能终端的电池消耗，提升了用户对于时空信息服务的体验，扩大了北斗系统在智能终端和各类应用选择的服务范围。

三、关键核心技术实现全面突破

我国高度重视北斗系统建设、应用的关键核心技术。一是在北斗三号系统研发中，积极推进原子钟、行波管放大器、固态放大器、微波开关、大功率隔离器等的国产化，在北斗三号卫星有效载荷和星间链路方面，强化协同创新，实现了有效载荷部件100%国产化，在原子钟方面，原子钟作为导航卫星的频率基准，直接决定着导航卫星定位、测距、授时的准确性，通过持续技术攻关，提高北斗导航卫星时频系统的稳定度和准确度，在北斗三号系统中，通过使用新一代高精度铷钟，使导航卫星信号质量大幅提高，定位和测速精度提升了近5倍，对提高北斗导航系统测量精度具有决定性作用。

二是在国家重大科技专项等支持下，加快突破北斗产业应用的技术创新。科研院所、高等院校和骨干企事业单位，围绕北斗卫星导航系统的定位算法、高性能芯片、高精度板卡等，突破复杂环境下单点定位精度，实现了军用导航领域的芯片国产化，推动国产高精度板卡核心部件国产化。

三是加快研制高精度系统解决方案。中国软件评测中心与全图通共同建设成立了导航定位高精度软件与算法联合实验室，针对当前导航定位高精度行业应用中软件与算法存在的问题，紧贴行业应用需求，围绕特定的应用场景，开展软件与算法的测试和评估工作，为行业用户提供测试报告，协助制定行业应用标准。建设软件与算法的开放交流平台，为导航定位企业提供算法优化服务，推动米级和亚米级行业应用的拓展。

四、北斗产业应用支撑体系加快构建

北斗应用的产业支撑体系是推进北斗产业大规模发展的基础。2017年，在军地部门的大力推进下，我国在北斗装备及产品质量认证体系、卫星导航应用标准等方面取得重大进展。

一是开展装备制造领域的车联网北斗导航认证。国家认监委将按照党中央、国务院和质检总局有关质量提升行动的整体部署，开展百万企业认证升级行动、高端认证质量惠民行动、认证服务地方行业行动、"中国认证，全球认可"行动、"认证乱象"专项整治行动等五大主题行动，重点开展机器人、新能源汽车及充电桩、车联网北斗导航、城轨交通装备等认证，引导市场增加高质量产品、服务供给，满足人民美好生活需要。

二是聚焦能源行业应用，建立产品检测体系。依托北斗卫星导航产品华北质量检测中心，实现检测产品种类全部覆盖，对全国范围内多处输电线路滑坡地质灾害隐患进行北斗卫星监测，通过基准站、监测站、数据处理中心和地面通信网络设置，通过移动或固定联网方式将实时北斗载波差分数据传输到数据处理中心，并对基准站和监测站的数据进行解算，通过模型消除误差，得到监测站的毫米级精度空间移位数据，实现对输电线路杆塔周边有滑坡、塌陷等地质灾害隐患实时监测和预警，服务重大国计民生。

三是加快推进北斗产业的标准体系。国家标准委会同相关部门，加快推进军民标准通用化工程，推动开放协调的军民融合标准体系的构建。2017年国家标准委又批复筹建了全国载人航天标准化技术委员会，围绕北斗卫星导航等重点领域，下达了40余项军民通用国家标准制定计划。为全面贯彻党的十九大精神，坚定实施军民融合发展战略，加快推进标准化领域的军民融合工作，推动军民标准通用化工程有关任务的落地落实，2018年初，国家标准委下达《全球卫星导航系统测量型接收机观测数据检验规范》等27项国家标准制修订计划。其中包括中央军委装备发展部主管，全国北斗卫星导航标准化技术委员会归口的18项卫星导航领域的国家标准。

行 业 篇

第三章　交通运输

交通运输行业是北斗系统重要的行业用户和应用领域，也是北斗应用率先示范的领域，北斗应用工作始终走在全国各行业前列，已形成较完善的北斗应用管理机制与行业标准。2017 年，交通运输领域北斗应用政策频出，北斗应用的广度和深度在前期应用示范基础上进一步拓展。预计 2018 年，随着新一轮政策红利的释放，交通运输行业北斗系统推广应用将再度提速，为交通强国目标的实现提供助力。

第一节　应用现状

交通运输领域北斗应用政策密集出台，为该行业北斗应用提供了积极的政策引导和保障。2017 年 1 月，交通运输部印发《关于在行业推广应用北斗卫星导航系统的指导意见》，提出"十三五"时期行业内北斗系统应用工作目标和各应用领域重点任务。3 月，国务院公开发布《"十三五"现代综合交通运输体系发展规划》，将"北斗卫星导航系统推广工程"列为交通运输智能化发展重点工程。8 月，交通运输部、中央宣传部、中央网信办、国家发改委、工信部、公安部、住房和城乡建设部、人民银行、质检总局、国家旅游局等十部门联合出台《关于鼓励和规范互联网租赁自行车发展的指导意见》，提出"充分利用车辆卫星定位、大数据等信息技术加强对所属车辆的经营管理，采取电子围栏等综合措施有效规范共享单车用户停车行为"。同月，交通运输部出台《关于推进长江经济带绿色航运发展的指导意见》，提出"加快建设数字航道，推广使用长江电子航道图、水上 ETC 和北斗定位系统"。11 月，交通运输部与中央军委装备发展部联合印发了《北斗卫星导航系统交通运输行业应用专项规划（公开版）》，进一步推动北斗系统在交通运输各领域广泛应用。

交通运输部建立完善违规道路运输车辆消息月度抽查曝光机制。8 月 10 日，交通运输部在官方微信公众号上，曝光了 2017 年 6 月抽查的道路运输车辆中涉嫌违规的车辆信息。此次提出的月度抽查情况和各地整改情况公布机制，是对 2016 年 6 月运输服务司建立的道路运输车辆动态监管抽查制度的进一步完善。这次公布的是 2017 年 6 月（5 月 21 日至 6 月 20 日）道路运输车辆的抽查情况，也是交通运输部首次公布，主要对山西和广东两省道路客运接驳运输车辆、液体危险货物罐式车辆、重载普货车辆（各 200 辆）的轨迹进行跟踪、回放。交通运输部表示要对此次抽查中的违规车辆进行扣分、罚款等处罚。

北斗在"两客一危"[①] 公路运输车辆监管领域的应用日益加深，取得了可喜成绩。2017 年，贵州遵义、新疆巴州、辽宁葫芦岛、浙江宁波、湖南娄底等地纷纷推广北斗，开展公路运输车辆监管。例如，1 月，贵州遵义播州区利用北斗终端，对全区 18 家企业 1197 辆"两客一危"用车进行全动态监控。3 月，新疆巴州公安局交警支队表示，全州将推动机动车"北斗定位 + 电子车牌"项目试点，计划分阶段推进：第一阶段重点解决车辆的区域管理问题，并构建"北斗 + 电子围栏"车辆综合监管平台；第二阶段推广安装电子车牌，并在重要路口、高级别防范区域、停车场等安装读写设备，用以解决假牌、套牌、被盗抢等问题。前期巴州已对公安局交警支队的 29 辆考试车、8 辆民警私家车开展北斗试点安装，经测试检验运行正常。部分地方"两客一危"车辆已实现北斗监控全覆盖。比如，山东东营市 9606 辆"两客一危"车辆已全部安装北斗定位终端实现动态监控，而且该市的重点车辆、重点驾驶员管理系统，已对 24644 台危化品运输车、校车、大型客车等重点车辆，以及 145825 名重点驾驶员建立了基础台账。目前，我国已建成了全球最大的北斗车联网平台，有 480 万辆营运车辆上线。

北斗在智慧高速领域的应用拉开了序幕。9 月，基于北斗等新兴技术实现的江西省首条智慧高速公路宁定高速公路建成并试运营。宁定高速公路智慧高速项目以基于北斗系统的运营管理服务平台软件为依托，建立了综合运营

---

① "两客一危"车辆，是指从事旅游的包车、三类以上班线客车和运输危险化学品、烟花爆竹、民用爆炸物品的专用车辆。

管理服务平台、快速综合应急指挥调度、智慧服务区、山区特长纵坡、隧道集成、区域应急指挥中心。该项目通过智慧路网在重点路段的高边坡、隧道及雾区等处布设监测系统，实时监测车流和经过货车的速度、胎压、胎温、车厢温度等情况，并运用北斗技术整合报警手机定位、路况预判、应急救援指挥调度、分流预案、应急信息提示等功能，可实现对交通事故的快速处置①。该项目入选2017年度交通运输部科技示范工程。11月，江西省交通运输厅印发《智慧交通让出行更便捷实施方案（2017—2020年）》，提出将通过融合北斗、物联网、云计算、大数据、移动互联网等技术，持续探索"互联网＋"在智慧交通领域的应用，构建智慧交通绿色生态圈。2018年3月，交通运输部决定在北京、河北、吉林、江苏、浙江、福建、江西、河南、广东等9个省（市），推进新一代国家交通控制网和智慧公路试点，其中北斗高精度定位综合应用是6个试点方向②之一。

北斗在公务车领域的监管应用范围扩大。自公务车改革以来，各地车改办积极采用新技术加强公务用车标识化和信息化管理工作，北斗为此提供了重要技术保障。2017年，甘肃兰州、广西玉林、湖北荆门宜昌咸宁、云南富宁、河南平顶山、河北唐山、山东济宁等地纷纷推广应用北斗系统，进行公务车监管。比如，甘肃兰州市在2017年度计划为剩余的111辆公务用车安装北斗定位终端，实现对市级公务用车管理平台136辆公务用车的全覆盖动态监管。广西玉林市建成了基于北斗系统的玉林市公车智能化管理系统，并投入使用，对公务车辆状态、出车记录、车辆驾驶员档案等进行智能化管理。云南富宁县借助北斗、大数据等技术，建立了公务用车大数据监管平台，对全县公务用车进行电子设防并规划行车路线。湖北荆门市车改办发布《关于启动全市党政机关公务车辆管理信息系统建设的通知》，启动公务车辆北斗定位监管系统建设，以实现对公务车辆的实时监控、准确定位、网络调度、人车管理、监督检查等信息化管理；宜昌市率先采用人工智能和北斗系统等技术建立公务用车服务监管平台，实现了定点找车和自动报警。

---

① ［EB/OL］．［2017－12－21］．江西：《首条智慧高速公路宁定高速公路建成试运营》，http://www.chinahighway.com/news/2017/1150947.php.

② 6个试点方向包括：基础设施数字化、路运一体化车路协同、北斗高精度定位综合应用、基于大数据的路网综合管理、"互联网＋"路网综合服务、新一代国家交通控制网。

北斗在渣土车、公交车、出租车等车辆的应用不断拓展。为顺应渣土运输智能化、环保化的发展趋势，内蒙古呼和浩特、安徽合肥、湖南浏阳、江西宜昌、湖北武汉等大部分城市开始推广使用智能环保渣土车，并借助北斗系统纷纷为渣土车定"规矩"，强化实时监测和远程监管。在公交车管理领域，湖南、上海、安徽等地积极鼓励推广应用北斗，比如湖南郴州市公汽公司推出了基于北斗等技术的"郴州公交行"手机 APP 软件，为乘客提供实时公交信息。此外，出租车领域的北斗应用也不断扩大，例如湖南省怀化市主城区 800 辆出租车已全部安装北斗系统，并纳入"湖南省城乡道路客运油补和新能源车监管平台"，实现了对出租车的有效监管，同时也将提升服务水平。

表 3 – 1   2017 年北斗系统在渣土车领域的应用案例

时间	地区	应用案例
2017 年 3 月	内蒙古呼和浩特	北斗导航系统车载终端及车辆智能安全管理服务平台应用于呼和浩特市渣土车监管系统。
2017 年 3 月	安徽合肥	庐阳区城管局和交警庐阳大队联合制定《庐阳区渣土运输管理联动工作方案》，要求渣土车必须安装"北斗"监控系统。
2017 年 8 月	湖南浏阳	首批 13 辆第二代新型智能环保渣土车投入运行，这批渣土车装有北斗系统，可以实现渣土运输 360 度无死角监管。
2017 年 9 月	江西宜昌	17 辆全新新型智能环保渣土车在宜昌市将投入使用，这些渣土车都安装北斗系统。
2017 年 10 月	湖北武汉	武汉将通过安装北斗定位装置，加强对全市 1.2 万台三车（渣土车、搅拌车、砂石车）的监管，从源头上消除安全隐患。
2017 年 11 月	安徽阜阳	阜阳市使用新型环保渣土车并全部加装北斗系统，实现 24 小时实时在线监测。

数据来源：中国北斗卫星导航系统公众号，赛迪智库整理，2018 年 4 月。

北斗在共享单车等新兴领域的创新应用加深。伴随着共享单车在各地大量投放，新的公共管理问题日益凸显。北京、浙江等地纷纷创新监管手段，破解管理难题。例如，北京市经济信息化委组织搭建了共享自行车政府监管与服务平台，并会同市交通委、通州区政府等相关部门，在北京市北斗导航与位置服务产业公共平台的支撑下，在通州区开展了共享自行车监管试点，形成了基于北斗定位与电子围栏技术的解决方案和一套基于新技术的综合管理思路。在通州区的试点工作中，北京市经济信息化委推动了监管与服务平台、智能锁精度标准、电子围栏设定标准、企业运营平台数据接口、用户APP围栏引导、企业线下维护内容等监管技术解决方案，基本形成线上与线下结合、服务与治理融合、企业与政府互动的共享自行车服务监管模式，为下一步完善行业法律法规、技术标准、服务管理提供了良好的基础支撑。类似地，浙江省杭州市下城区城市管理局也上线了基于北斗系统的下城区互联网租赁自行车政府监管与服务平台，纳入系统后台的单车智能锁上都装有北斗系统。

第二节　应用前景

　　交通运输行业是基础性、先导性、战略性产业，目前正处于转型发展的黄金时期。《"十三五"现代综合交通运输体系发展规划》提出，到2020年基本建成安全、便捷、高效、绿色的现代综合交通运输体系的发展目标。北斗系统作为我国自主建设、独立运行的卫星导航系统，能提供全天候、全天时、高精度的定位、导航和授时服务，与交通运输行业转型需求高度契合。北斗系统与交通运输行业有机融合，既是服务国家军民融合发展、创新驱动发展、"一带一路"建设、京津冀协同发展和长江经济带发展等战略实施的需要，也是支持现代综合交通运输体系发展的需要。伴随着《关于在行业推广应用北斗卫星导航系统的指导意见》《北斗卫星导航系统交通运输行业应用专项规划（公开版）》等政策深入实施，交通运输行业北斗系统应用将更加广泛，将为更多地区和人群带来交通出行、车辆监管等方面的便利与实惠。

　　基础设施领域，交通运输部计划在已建成的北斗地基增强系统基础上，结合行业需求，补充建设长江干线北斗地基增强系统和沿海北斗精密定位服务系统，以及交通运输北斗高精度导航与位置服务信息资源中心。

　　行业应用方面，按照《北斗卫星导航系统交通运输行业应用专项规划（公开版）》要求，交通运输部和中央军委装备发展部将共同开展北斗系统在铁路、公路、桥梁、隧道、航道、码头等交通运输基础设施测量和安全监测中的应用，深入开展北斗系统在内河运输和国际道路运输领域的示范应用，继续加强北斗在运输过程监管领域的应用，积极推动北斗融入"智慧高速"，鼓励在公交车、出租车和轨道交通上应用北斗系统，发挥北斗高精度优势服务公众出行。此外，北斗在汽车前装市场的发展空间也巨大。

新兴领域应用方面，借着自动驾驶的发展东风，北斗系统在车联网、无人驾驶领域的应用将逐步推开，北斗与地理信息、移动互联网、物联网、大数据、云计算、智能终端等技术的融合也将越来越深入；共享单车管理需求的日益增长也将拉动"北斗定位＋电子围栏""北斗＋智能锁"等监管模式的推广。

第四章 农 业

2017 年，在政策助力和市场拉动下，农业领域北斗系统应用延续快速发展态势。国家和地方层面继续出台系列利好政策，有序、健康地推动农业领域北斗应用。整体来看，全年北斗在农业领域应用开始逐步从单纯的农机应用向系统化、集成化的农机作业调度系统演变，使得农机信息管理、农田管理、作业管理等更加高效、智能。预计，2018 年农业现代化建设、农业供给侧改革等机遇将大力拉动北斗高精度服务市场。

第一节 应用现状

利好政策继续出台，农用北斗终端补贴范围继续扩大。2017 年 8 月，农业部、发改委、财政部联合出台《关于加快发展农业生产性服务业的指导意见》，提出"加快推广应用基于北斗系统的作业监测、远程调度、维修诊断等大中型农机物联网技术"。各地也陆续出台了相关政策，将北斗农机纳入补贴范围，彰显了农机和财政部门支持应用北斗等新装备新技术的鼓励态度。2018 年 2 月，农业部办公厅和财政部办公厅联合出台了《2018—2020 年农机购置补贴实施指导意见》，其中"农业用北斗终端"被列入全国农机购置补贴机具种类范围。实际上，早在 2015 年，农业部就印发了《关于开展主要农作物生产全程机械化推进行动的意见》，推动北斗精准定位、自动导航、物联网等信息技术在农机装备上应用，促进农机装备升级换代。2016 年，山东、江苏、浙江、山西等地响应政策号召，在农用北斗终端补贴领域开展了一些有益探索。2017 年，地方补贴范围继续扩大，湖北、陕西、内蒙古、山东、新疆多个省区把北斗终端纳入农机补贴目录。从地方公布的补贴标准来看，按导航精度、是否带自动驾驶系统等不同配置，补贴额从 350 元到 30000 元不等。总体来看，补贴标准一般分为四档：第一档，带自动驾驶系统，导航精度±2.5cm，补贴额28000—30000元（湖北30000元，陕西28500元，新疆28570元，新疆生产建设兵团28800元）；第二档，带自动驾驶系统，导航精度±10cm，补贴额13000—20000元（陕西16150元，湖北20000元，内蒙古20000元，山东13000元，新疆生产建设兵团15000元）；第三档，不带自动驾驶系统，带深松作业或秸秆粉碎还田监测装置，补贴额640元；第四档，不带自动驾驶系统，也不带深松作业或秸秆粉碎还田监测装置，但是带有北斗定位、图像采集和显示设备，补贴额350—400元（湖北400元，山东350元，新疆生产建设兵团400元）[①]。

北斗农业应用逐步走向全国。2017年，北斗农机应用新闻铺天盖地，标志着北斗终端逐渐被广大农业用户所接受，北斗在农业领域的应用开始走向大江南北。北斗系统在农业中的应用主要聚焦农业信息采集、土地确权、农业普查、精准农业等领域，围绕农机移动监控与调度管理、农机自动导航控制和自动驾驶、土壤及作物监测等应用开展，实现农机无人驾驶、精准灌溉、精准施肥等智能化、精细化管理。全国现有2000万台拖拉机、70万台收割机，农业部已投入5000万资金，在拖拉机等农机上加装北斗导航。其中，新疆地区在管理工程机械、大型拖拉机等加装北斗定位装置，2.8万台农机中已有2000多台加装了北斗系统。近两年，基于北斗的精准农业应用走出新疆生产建设兵团与黑龙江农垦，在北京、辽宁、山西、湖北、江苏、上海、浙江等地陆续展开，智慧农业的优势与前景日益凸显。

表4-1 2017年北斗系统在农业领域的新闻报道

时间	地区	新闻报道
2017年1月	湖北	湖北：互联网＋北斗＋农机，打造农机信息化升级版
2017年2月	北京	北京：推进北斗农机作业调度系统
2017年2月	新疆	新疆生产建设兵团二十一团播种小麦使用北斗
2017年2月	江苏	南京：北斗系统引导拖拉机田间奔跑
2017年2月	湖北	湖北启动农机大活动，北斗拖拉机表现抢眼

---

① ［EB/OL］，［2017-05-16］. 新观察：《为农用北斗终端纳入购机补贴范围点赞》http://info. cm. hc360. com/2017/05/161129673112. shtml.

续表

时间	地区	新闻报道
2017 年 2 月	湖北	湖北基于北斗的农机驾考系统成功试运行
2017 年 3 月	浙江	浙江苍南农机装上北斗系统
2017 年 3 月	浙江	浙江兰溪北斗"农机管家"走上田头
2017 年 3 月	浙江	杭州大江东北斗打造现代农业"升级版"
2017 年 4 月	湖北	湖北洪湖北斗自动驾驶系统大显身手
2017 年 4 月	新疆	新疆生产建设兵团北斗拖拉机播种棉花
2017 年 4 月	新疆	新疆博乐：北斗精准种棉帮助棉农降本增收
2017 年 4 月	新疆	北斗助力新疆兵团春播生产
2017 年 4 月	山东	山东潍坊"北斗+"智能农机研发推广启动
2017 年 5 月	浙江	北斗农机管家，让农民打"滴滴"去种地
2017 年 5 月	陕西	陕西基于北斗的农机事故应急指挥平台启动
2017 年 5 月	新疆	北斗给力！新疆兵团过半棉田播种实现机车无人驾驶
2017 年 6 月	湖北	武汉蔡甸：推广北斗农机管理系统
2017 年 9 月	浙江	浙江萧山北斗农机信息管理项目通过验收
2017 年 10 月	北京	北斗助力北京玉米生产实现智能机械化
2017 年 10 月	山西	足不出户知晓田间事，自从农机装上北斗
2017 年 11 月	辽宁	辽宁铁岭机械装北斗，深松整地更精确
2017 年 11 月	黑龙江	"北斗+物联网"，农机深松开启智慧监管新模式
2017 年 11 月	新疆	新疆北屯北斗农机深受欢迎
2017 年 12 月	浙江	浙江嘉兴农机纷纷"武装"北斗
2017 年 12 月	辽宁	农机北斗"千里眼"！足不出户知晓田间事
2017 年 12 月	北京	北斗保驾护航，助力农机信息化管理
2017 年 12 月	江苏	农机装北斗，种地更轻松

数据来源：中国北斗卫星导航系统公众号，赛迪智库整理，2018 年 4 月。

　　国内农机巨头联合北斗企业纷纷布局精准农业。2017 年以来，农机企业与北斗供应商合作不断拓展，中国一拖和常州东风和合众思壮（北斗高精度应用在农业领域的开拓者和领军者）签订了战略合作协议，推广北斗导航农机自动驾驶系统。农业植保行业的无人机巨头大疆创新与千寻位置签署战略合作协议，宣布将在产品、市场、产业等领域开展相关合作，协同开展现代农机无人驾驶技术研发创新，推动自动驾驶在农业装备中的转化应用和产业化。

第二节　应用前景

随着国家乡村振兴战略的深入实施，农业供给侧结构性改革、农业机械化将成为各界关注焦点，北斗在农业领域的应用将迎来新一轮发展机遇。特别是，精准农业作为农业发展的新潮流和农业发展的未来方向，必将对北斗技术和应用产生强大拉动作用。北斗系统的高精度服务，可有效支持精准农业这一生产方式，深入挖掘现代农业发展对高端技术装备和成熟产品的需求，加速北斗和移动互联网、物联网、云计算、大数据、人工智能等新兴技术的融合创新与应用，推动实现农业技术集成化、劳动过程机械化、生产经营信息化，进一步提高农业产量、降低成本、保护环境，带来显著的经济效益和环境效益。现阶段，精准农业在我国农业体系中占比相对不高，全自动化农机少，人工操作机械仍为主要作业工具。可以预见，未来现代农业对北斗高精度定位服务的需求量巨大。

第五章 电 力

电力行业北斗应用较早，主要利用北斗短报文、精准定位、授时等功能为电力行业提供用电信息采集、灾情监测、应急指挥、勘察设计、整网授时等服务，有利于提高电力运营的科学化和智能化。2017年，北斗系统在电力领域的应用进一步深化，北斗技术在用电信息采集、输电线路在线监测、配网移动作业、车辆定位管理、电力终端授时等领域应用日益广泛，形成了多种基于北斗的电力应用解决方案，试点推广效果显著，为电网快速发展提供了有力支撑。

第一节 应用现状

北斗精准定位功能已在多个地市电力领域展开示范应用。输电线路巡检人员和设备的智能巡检定位、电力应急指挥车等都是北斗定位功能的应用领域。2016年，北斗系统首次在河北秦皇岛9条供电线路上开展试运行，实现了配电网故障远程监控等功能，有效破解了自然灾害导致的公网通信瘫痪等难题。秦皇岛供电公司利用北斗系统无须建设专网基站、无须敷设专用光缆、具备较高的信息安全性等优势，发挥北斗"精确定位""短报文通信""精准对时"等功能，实现对配电网运行的全面实时监控，快速定位配网故障并合理规划抢修线路，大幅缩短故障停电时间，加快配网故障处理速度①。1月，国网信通产业集团承建的"冀北北斗卫星系统支撑配网智能化建设示范应用项目"验收通过，将北斗系统和智能配电网管理进行了有机结合。荆门供电

---

① 李文华：《秦皇岛供电公司应用新技术积极打造智能配网示范区》，《中国能源报》，2016年9月14日。

公司通过借助北斗精准定位的监测点进行输电铁塔水平位移、垂直位移和三维动态实施监测，结合降雨量、水位、温度、湿度、气压等传感器，对地质灾害多发区域进行布控监测，在经过技术分析后，快速对形变做出整体评估、制订防范预案。

北斗短报文已广泛用于用电信息采集。北斗短报文功能在电力行业的地位重要，主要得益于北斗系统能实现双向短信通信的功能，具有覆盖面广、稳定性高、架设拆装方便、设备小巧、无须其他通信系统支持等特点，可以实时、有效、可靠地获得通信不发达地区的用电信息，大大提高偏远地区抄表效率和用采数据准确率。基于北斗短报文的电量采集功能已在湖北、青海、四川、陕西、重庆、贵州、浙江、河北等地成功应用。风电站形变检测的试点应用效果良好，水电站形变监测的北斗短报文应用已达到100%。在全国6万多座水电站中，已有300座水电站安装北斗用于水电站信息采集。

北斗授时在电力控制系统和管理系统应用较多。北斗授时用于为变电站网络提供基于北斗的时间同步和频率同步。甘肃、内蒙古等地的电力系统在风电场加装北斗卫星时钟对时装置，利用北斗的同步精密授时功能对风场进行精准定位；并利用北斗通信功能将前端感知的温度、风速、转速、压力、电量、振动、测风塔位置等风场要素信息及时汇入风场数据平台，实现了全部设备智能化综合管理和无人值守。从电力传输网到电力计算机网络的时间系统，中国电力企业主要以GPS作为主时钟源进行同步授时。当前，控制系统调度总站自动化系统北斗应用已达到20%；管理系统全部应用北斗，保障服务器和客户端的时间和频率同步。但在特高压输电线路中还未使用北斗授时。

第二节　应用前景

北斗对于解决偏远地区、无公网覆盖区域用电数据采集困难、输电线路巡检条件恶劣、电力杆塔实时监测成本高、配电网故障远程监控等问题具有显著优势，发展空间巨大。随着北斗导航应用软件和北斗相关平台管理系统的不断问世，以及基于北斗系统的用电信息采集终端、配电终端、北斗手持终端、塔形监测装置、北斗时间同步装置、北斗指挥机、北斗伴侣、数传终端、北斗车载终端等硬件产品的成本降低，北斗系统在电力行业的应用将逐步普及。

第六章　通　　信

通信领域的北斗应用，主要利用北斗精准授时功能实现通信系统全网时间同步，保障系统安全稳定运行，以及利用北斗定位导航功能实现移动终端的定位导航。2017 年，北斗与移动通信产业的融合继续深入，在北斗授时、A－北斗等方面取得了阶段性成效。

第一节　应用现状

现阶段频率同步网授时仍以 GPS 为主。基于北斗/GPS 双模的授时设备最早在 2003 年进入通信领域，在 2008 年之前主要提供频率同步服务，之后可同时提供时间同步和频率同步服务①。在国内三大电信运营商的频率同步网中，所有一级基准时钟设备、部分二级/三级/微型同步节点时钟设备上全部安装了内置式接收模块和外置式等导航卫星接收机，总数接近 2000 个，绝大部分为 GPS 接收机，北斗授时接收机数量仅有几十个②。时间同步网主要采用 BDS/GPS 双模授时。到 2013 年，高精度时间同步网的网络规模已覆盖 31 个省会城市及 300 多个地级城市，每个城市设置主备两台高精度时间同步设备，建设数量近千个。所有时间同步设备均配置了以北斗为主用的 BDS/GPS 双模卫星授时接收机③。各电信运营商独立建设的普通精度时间同步网中，时间同步设备数量近千个，绝大部分为 GPS 接收机，北斗授时接收机数量极少。

北斗授时在移动通信基站中有少量应用。卫星导航定位系统在我国电信

---

① 徐一军、汪建华、胡昌军：《通信业应用北斗系统势在必行》，《人民邮电报》2013 年 6 月 24 日。

② 胡昌军、汪建华、北斗授时：《通信网络安全的守护者》，《人民邮电报》2015 年 1 月 26 日。

③ ［EB/OL］．［2017－09－01］．《北斗授时终端在通信领域应用的必要性》，http://www.360doc.com/content/17/0901/15/45666031_683850076.shtml。

网络中的时间同步网，主要应用于中国移动、中国联通和中国电信的不同类型基站的高精度时间需要。在移动通信网中，三大运营商的 2G/3G/4G 基站高精度时间同步需求目前仍主要采用以 GPS 为主的卫星授时接收机。截至 2014 年底，CDMA 基站中的 GPS 模块已超过 30 万个，北斗授时接收机约数百个；CDMA2000 基站中的 GPS 模块超过 10 万个，无北斗授时接收机；WCD-MA 基站中的 GPS 模块超过 10 万个，无北斗授时接收机；TD – SCDMA 基站中的 GPS 模块超过 50 万个，有少量采用 BDS/GPS 双模授时接收机或模块；4G 移动基站的卫星授时模块超过 70 万个，其中以 GPS 模块为主，部分采用 BDS/GPS 双模授时接收机或模块[①]。

　　A – 北斗不断取得突破性进展。2016 年 10 月，千寻位置发布了全球首个 A – 北斗加速辅助定位系统 FindNow，支持 A – 北斗/A – GPS/A – GLONASS 三大全球卫星系统的标准化 A – GNSS 服务。同年 12 月，A – 北斗加速辅助定位系统 FindNow 全球服务正式上线，覆盖范围已扩大到 219 个国家，已经可以接收来自 209 个国家和地区的用户访问数据。目前，国内的定位终端设备大多能支持 A – GPS 或 A – GLONASS，市场上还没有支持 A – 北斗系统的导航手机。千寻位置也正在和各大导航芯片终端厂商积极进行 A – 北斗的技术联调和合作，提高我国北斗导航系统终端用户的位置服务体验。信通院发布支持 A – 北斗定位的辅助导航平台，该平台具备同时支持北斗和 GPS 多种辅助定位方式的能力，其不仅能支持带北斗功能的新芯片和终端，也能兼容市场上现有的商用芯片和终端。

第二节　应用前景

　　我国自主建设的北斗系统顺利实现亚太覆盖并正式提供服务以来，该系统对我国政治、经济、军事等建设和发展带来了重大而深远的影响。北斗授时方面，虽然北斗授时在通信网络中的应用占比仍较小，但意义重大，通信领域作为我国关键重要基础设施，北斗授时将有效提高通信的安全性，为各

---

① ［EB/OL］.《北斗时间同步时钟应用现状及发展》，http://www.syn029.com/h – msgBoard.html.

种业务网的运行提供可靠保障。"应用规模小"代表着"通信领域北斗授时应用需求大",从北斗一代到北斗二代、北斗三代,北斗授时产品在应用场景和抗干扰能力方面都在逐步提高,与 GPS 产品的竞争力也在日益显现,市场占有率有望在未来一段时期内得到大幅提升。在移动终端北斗定位方面,截至 2016 年底,申请进网的 3572 款手机终端中,有 2891 款支持定位功能,占比 81%,其中支持北斗导航的终端约占 25%。北斗终端虽然已在手机终端市场中占有一定比例,但其占比仍不够高,而且北斗导航显示度和用户感知度都较弱。随着北斗三号全球系统建设、北斗三号测试信号公布,将有越来越多的移动通信终端、芯片厂商、研究机构投入北斗技术和终端的研究,未来北斗兼容机标配化将是趋势,北斗应用显性化势在必行,北斗的宣传力度也将进一步加大。此外,我国正在积极推动北斗系统进入国际移动通信国际标准组织,北斗在通信领域的应用将更加广泛。

第七章 金　融

北斗技术在金融领域的应用主要集中在授时和定位，目前金融领域北斗产品体系包括北斗＋运钞车监管调度系统、"北斗＋金融设备"（北斗智能POS机）、"北斗＋金融IC卡""北斗＋移动支付""北斗＋资金流"（金融位置监管、信任区域管理）、"北斗＋担保资产"等。2017年以来，北斗在金融领域的应用突破较少，规模仍有限。

第一节　应用现状

银行北斗时钟源总规模不大。时钟源是金融业的重要基础设施，也是北斗的应用领域。银行和证券业对授时精度要求不高，重点在保持时间一致性。银行方面，2015年，人民银行发布《金融业信息安全风险提示》提示风险，并发函《关于使用可信时间参考源的函》，明确要求尽快停用不可信时钟源，改用可信时钟源，但并未强制推北斗。在人民银行下属机构的8家主要单位中，有6家已采用北斗系统作为时钟源；21家全国性商业银行已全部停用GPS，其中17家银行采用北斗时钟源。证券业方面，2012年，证监会专门出台了《证券期货业网络时钟授时规范》，对证券期货业时间同步的要求进行了规范，明确指出北斗系统属于行业被认可的时钟源之一。目前，上交所、深交所、上期所、大商所等多家机构授时系统支持GPS系统，郑商所、中登公司、中金所等4家机构采用GPS/北斗双授时模块。金融中介机构对授时需求小，只有极个别的中介机构会给高端客户提供高精度授时相关的增值服务。银行数据中心近年来也在加大北斗应用。在时间精度方面，证券和期货交易所等属于全国性交易，重点是确保证券和期货交易所等的时间唯一性，对于时间精度没有太高要求。在北斗时钟源建设规模上，由于银行授时服务器采用主从同步、分级管理模式，一级总节点安装北斗时钟服务器，与北斗时钟同步，二级（各省级）节点接一级时钟源，不再需要接外部时间源，因此，银行北斗时钟源总规模并不大，维持在数十个数量级。

北斗定位在金融领域应用主要用于车辆定位。北斗高精度位置服务在金融领域，主要实现金融机构押运车辆定位、车辆自动缴费（发挥北斗高精度定位优势，金融支付可以很好地定位车辆，并根据车辆位置的变化完成支付）等服务。2015年，发改委开展了农业领域精确承保和快速理赔示范应用试点，对后续开展北斗试点应用打下良好基础。2017年，中国银联发布了智能交通综合解决方案，该方案是基于北斗和银联Token技术的"定位+支付"创新模式，可以用于包括公共停车无人缴费、高速不停车收费、城市拥堵费征收、自助充电收款等应用场景。目前，银联智能交通综合解决方案尚处于内测阶段。

2017年3月，网上出现了一条关于北斗银行的新闻报道，提出运用北斗卫星系统创建我国自主的人民币结算体系及结算服务建立的电子结算，电子支付中心，全面服务于国际金融体系，为中国金融体系准确提供资金安全保障。具体包括：应用北斗授时技术、高稳晶体振荡器守时技术授时的授时系统，以北斗信号作为时间源，同步网络中的所有计算机、控制器等设备，实现网络授时，将时间同步信号的精确度、安全性、稳定性、可靠性提高到一个新台阶。建设北斗银行创建人民币金融结算系统，使用北斗时间，不仅解决了银行体系的安全问题，还改善现有银行发展不当的状况，调整我国经济结构，促进社会和谐发展。应用北斗时间进行结汇，采用北斗卫星通信技术、信息技术、安全技术、CA认证技术以及商务部"国付宝"电子结算系统，全面覆盖卫星网络，接入银行网点多，结算及时、快速、安全、准确地建立人民币结算体系。完成中试后，在北斗银行先行先试，将在全国推广。[①] 不论该新闻的真实性，但是北斗在金融领域应用的理念仍值得关注。

---

① 《搜狐网：北斗银行即将让大众所熟知!》，2017年4月27日。

第二节　应用前景

北斗在保证金融体系安全领域具有至关重要的作用。利用我国自主建设的北斗系统高精度授时功能，可以实现金融结算信息系统全网时间同步，保障系统安全运行，维护金融行业的稳定性。北斗系统作为可信时钟源之一，将是未来金融业推广应用北斗的重要理由，需要快速推进并大范围落实。位置服务方面，安装北斗定位终端，可以实现对运钞车行驶路线规划、定位查询、跟踪和可视化视频监控，未来该领域的北斗应用市场也值得期待。

第八章　铁　　路

北斗系统的授时和定位功能，在铁路行业可用于铁路网和列车的统一授时与调度指挥，以及地质灾害监控、工程测量等。现阶段我国铁路领域与卫星导航相关的技术产品一般多采用 GPS，市场替代空间大。未来随着北斗全球组网的稳步推进，北斗系统必将为我国铁路技术发展和"走出去"发挥十分重要的作用。

第一节　应用现状

铁路时间同步网主要依赖 GPS，且铁路系统目前没有形成统一的授时系统。部、局、站、段的信息系统大部分以 GPS 授时为时间源；部分来自路局内部信息系统的网络传输或电脑单机。铁路网的时间同步网于"十二五"期间建成，主要使用 GPS。基于北斗的独立时间同步还未为铁路网提供服务，相关方面在研究将车载同步、授时源换成 GPS + 北斗的双模模式。

短报文在铁路领域应用较早，通信主要采用北斗 + GPS 双模式。铁路行业于 2013 年开始使用北斗短报文功能，并已形成相关规范，但在应用时仍采用北斗 + GPS 双模式。防灾监测系统的通信手段采用北斗 + 3G 双模式，北斗短报文用于传递数据，3G 用于传输视频。2013 年投入运营的铁路机车检测系统，其定位功能采用 BD2 + GPS，通信手段则采用 3G + 北斗短报文。

铁路领域对高精度定位功能需求量大。在车辆调度方面，基于北斗高精度定位的自动化调度监控系统，可实时、精确地获取列车在线路中的位置信息，保证列车安全和有效运行，完全符合列车现代化监控调度的需求。在铁路巡检方面，用于对铁路路段的形变、沉降等进行长期监测。在防灾监测方面，北斗定位主要实现全网铁路沿线山体滑坡、沉降、路沉等灾害监测和预警报警功能。某铁路防灾系统于 2016 年初立项，已在 18 个铁路局中的 10 个铁路局安装完成，170 个工务段的 20 个完成加装。在机车检测方面，2014 年启动中国机车远程监测系统，主要完成对机车状态、位置信息等的检测，定位技术主要基于北斗二代和 GPS。远程机车检测系统于 2013 年投入运营，到 2015 年有 4000 台机车接入，2017 年达到 5000 台，预计将在 2020 年实现 2.1 万台机车的全覆盖。铁路物流方面，物流车、货物等对高精度定位需求也很大。2015 年建成的物流配送系统采用了 GPS + 北斗共用模式。

第二节 应用前景

《北斗卫星导航系统交通运输行业应用专项规划（公开版）》也明确，到 2020 年，铁路列车调度北斗授时应用率达到 100%。同时提出"建立基于北斗系统的全国统一的列车运行授时与调度指挥系统，加强列车运行监控和管理"。该系统将采用北斗系统实现全国铁路网和列车的时钟同步，融合轨道电路、多普勒雷达、累计车轮旋转数加应答器等多种技术，实现列车精准定位，提高铁路网和列车综合调度指挥能力。可以预见，除了北斗授时外，铁路工程设计、车辆和人员定位、路桥监测、预警和监测等方面北斗应用潜力也将不断释放。特别是，北斗在铁路智能监控领域应用潜力大，前景可期。通过北斗高精度接收机可以精确测定火车机车的位置、方向和速度等动态信息，通过 RTK 差分技术，北斗定位的位置精度最高可达 1cm，速度精度可以达到 3cm/s，数据频率最高可达 20Hz；通过 INS（惯性导航）＋GNSS（全球导航卫星系统）组合技术，可以实现在隧道、山体遮挡等无卫星信号情况的连续定位。这些动态信息以国际标准的 NMEA 格式输出，并无线传输发送至监控中心，监控中心系统软件加载事先采集好的高精度的铁路电子地图，并导入各终端（机车）实时回传的动态信息，再结合计算机数据处理、视频、语音等技术手段，就可以实时展示列车或机车的实时动态，并对数据进行分析、处理、存储，从而有效地实现对列车的自动化监控、调度和管理。基于北斗高精度 GNSS 铁路自动化监控系统，可以监控的内容包括：机车的实时空间位置和速度等信息；机车进入限速区段前速度是否调整为限制速度；两辆机车不能同时驶向轨道交会点等，完全符合列车现代化监控调度的需求。

现阶段，在列车/机车定位和自动控制、通信网和信号控制网时间同步、列车监控和防灾应急通信等方面对卫星导航系统的定位、授时、短报文通信功能应用都有明显的需求。2018 年两会上，全国人大代表、中国铁路总公司党组书记、总经理陆东福表示，未来中国智能高铁将采用北斗、云计算、物联网、大数据、5G 通信、人工智能等先进技术，与高铁技术实现集成融合，实现高铁智能建造、智能装备、智能运营技术水平全面提升，使铁路运营更加安全高效、更加绿色环保、更加便捷舒适。下一步，计划在京沈高铁率先组织全面的智能高铁技术装备测试检验，做好自主化列控、自动驾驶、铁路下一代移动通信、智能变电所、基于北斗及 BIM 平台的应用系统等关键技术的试验验证，推进智能高铁技术实现新突破，试验成果将在京张高铁开通时投入应用①。

---

① 《两会声音：中国智能高铁将用北斗等技术集成融合》，《中国北斗卫星导航系统公众号》，2018 年 3 月。

第九章　航　空

近年来，中国民航系统一直积极推动北斗在民航领域的应用，确定了北斗民航应用基本策略，即"先通用后运输，先监视后导航"。2017年，北斗在民用航空、通用航空领域的应用取得了突破性进展。2018年，随着相关政策的落地实施，北斗系统在航空领域的应用步伐将进一步加快。

第一节　应用现状

北斗系统在航空领域的应用可以分为商用航空领域、通用航空领域、机场管理和特色航空领域四部分。商用航空的北斗应用指的是在商用行业的各种导航设备，例如终端导航、精密导航和非精密导航等设备上安装北斗系统。通用航空的北斗应用指的是在除了商用航空的北斗应用之外的领域，如各种行业的飞行作业以及各种抢险救灾、国民经济建设等领域的飞行活动。机场管理的北斗应用是指在机场等基础设施领域，对机场运行的各种交通设备，如飞机、车辆等进行监测，在保障机场高效运行的同时保持飞机的安全起降。北斗导航在特色航空领域的运用指的是在新型飞行器进行设计和试验飞行的环节中，对这些环节的飞行器状态参数进行测量，从而保障这些飞行试验和处理数据的高效。

民航相关政策纷纷将北斗列为重要素纳入其中。2017年全年，民航局印发的多个政策文件都提到了"北斗"。7月，民航局发布了《中国民航航空器追踪监控体系建设实施路线图》，在近期（2017—2020）目标里提出，按照"先通用，后运输；先监视，后导航"的实施策略，开展"北斗"系统通航应用示范，对通航飞行器进行"北斗"设备加改装，实现在通用航空中的监视与导航应用。启动运输飞机的"北斗"实验验证；在远期（2021—2025）

目标里提出，继续推动"北斗"在民航中的应用，开展"北斗"在运输航空的示范和应用。8月，民航局又公开发布了《民航局关于推进国产民航空管产业走出去的指导意见》，提出重点考虑将雷达、空管自动化系统等成熟、优质装备，以及北斗卫星导航系统相关产品等自主创新技术作为推进空管技术产业国际化的切入点，集中优势，重点突破。11月，交通运输部与中央军委装备发展部联合印发的《北斗卫星导航系统交通运输行业应用专项规划（公开版）》也提到，要加快推进北斗区域系统、全球系统及相关增强系统在运输及通用航空定位、导航、授时及监视领域的应用，鼓励国产大飞机及通用航空器应用北斗系统。

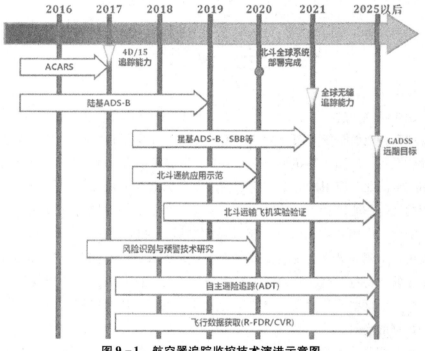

图 9 - 1 航空器追踪监控技术演进示意图

数据来源：《中国民航航空器追踪监控体系建设实施路线图》，2017 年 7 月。

北斗系统首次实现在民航领域的测试应用。10 月 14 日，我国自主研制的喷气式支线客机 ARJ21，完成了首次搭载北斗系统测试试飞工作，拉开了国产卫星导航系统在国产民用客机应用大幕。据悉，本次试飞从 10 月 10 日开始，ARJ21 飞机按照相关国际民航标准和中国民航有关技术标准要求，完成了机载北斗卫星导航接收机功能和性能验证、地基增强系统验证，以及北斗短报文功能试飞验证，为后续北斗系统的国际民航标准化、测试认证获取了大量的实验数据，也为国产卫星导航系统在国产民用客机的推广应用打下坚实基础。测试结果显示，国产相关系统的性能已达到国外同类系统水平，其中瞬态与快速定位指标居国际领先地位。[①]

融合北斗系统的通用航空低空空域监视与服务试点工作稳步开展。3月10日，民航局下发了在西北地区开展低空空域监视与服务试点工作的通知，明确在民航西北地区管理局辖区范围内开展通用航空低空空域监视与服务试点，具体事项包括：一是以通用航空管理信息系统为平台，利用 ADS – B，与北斗等导航技术相结合，建立通航低空监视与服务体系，实现区内相关通航企业低空监视覆盖。二是整合民航管制、情报信息以及军方管制手段，搭建低空管制服务平台。该通知同时指出，该试点项目要满足现有规范要求，融入现有飞行服务体系建设，与现有 ADS – B 系统工程建设等项目统筹衔接，确保为后续全国低空空域监视信息平台建设与运行提供有效支撑。[②]

无人机领域的北斗应用引发关注。以植保无人机为例，千寻位置已与领域内的两大巨头——大疆创新和极飞科技达成了高精度导航定位技术方面的合作，满足需求日益旺盛的植保需求。大疆创新于12月20日发布的 MG – 1P 系列植保无人机，便采用了大疆载波相位差分技术（D – RTK），这种高精度导航定位技术的定位精度可达到厘米级。卫星导航及其增强技术作为该领域十分有效的定位手段，良好的应用效果正逐步显现。

第二节　应用前景

随着2017年相关政策红利的不断释放，北斗系统在航空领域的应用将迎来爆发式增长。"基于北斗的通用航空应用示范系统工程"的实施，北斗定位

---

① ［EB/OL］. ［2017 – 10 – 14］《中国北斗首次在国产民机应用试飞取得成功》，中国新闻网，http://www. chinanews. com/gn/2017/10 – 14/8352574. shtml.

② ［EB/OL］《民航局开展试点：结合北斗建立通航低空监视与服务体系》，中国航空新闻网，2017 年 3 月。

和短报文功能将在通用航空领域得到大范围推广应用，北斗/GPS 将逐步替换典型通用航空机型综合航电系统中的 GPS，实现航空器空中导航的自主可控。通过使用北斗系统完成空中位置下传与空—地应急通信，将实现对航空器的独立追踪与监控，提高通用航空的安全运行保障能力，对我国低空开放、通用航空发展将产生积极促进作用。商用航空领域，中国商飞公开表示将在统筹干线飞机与支线飞机发展的进程中，积极利用自身优势肩负起"北斗上民机"的使命目标，持续跟踪北斗系统的发展，推进北斗试飞项目的研究和应用。此外，北斗系统进入国际民用航空组织的相关工作也在稳步开展。可以预见，北斗在民航领域的应用前景非常光明。

第十章 民政减灾

北斗在民政减灾领域可以用于灾情信息采集监控、现场人员搜救、应急救援指挥调度、灾害信息发布服务等方面，提升灾情报送能力和重大自然灾害应急救助信息保障能力。2017 年，"北斗卫星导航系统国家综合减灾与应急典型示范项目"继续稳步推进，地方北斗防灾减灾应用呈现百花齐放的局面。

第一节 应用现状

民政部近年来积极推动北斗在民政综合减灾领域的示范应用。早在 2014 年 2 月，民政部、原总装备部就联合批复实施了"北斗卫星导航系统国家综合减灾与应急典型示范项目"，利用北斗系统导航、定位、授时、短报文通信等功能和特点，聚焦国家减灾救灾重大需求，完善综合减灾平台，研制并推广使用减灾救灾专用北斗终端，选取了天津、辽宁、上海、江苏、山东等 10 个省（自治区、直辖市）开展了成系统、成规模的示范应用。民政部还组建了民政减灾救灾行业自主管理的北斗分理服务中心，以便于全国相关数据和业务的管理及终端推广。2016 年，民政部印发了《民政北斗减灾信息终端使用管理暂行办法》，以规范民政北斗减灾信息终端的使用管理，10 个示范地区纷纷结合本地实际出台了相应的暂行办法和实施细则。部分地区为解决北斗终端业务数据通信保障难题，探索建立了北斗终端业务运维保障机制；为推进北斗终端大范围应用，创新了激励机制，将北斗终端部署使用与市、县灾害管理绩效考核相挂钩；为确保民政北斗减灾信息终端发挥应有的作用，部分地方将北斗应用推广纳入到各省灾害信息员培训科目。在政策引导和北斗示范项目带动下，许多地方在减灾救灾工作中推广使用北斗系统，选取灾害高发频发的区域推广部署北斗专用终端。2017 年 5 月，北斗减灾应用系统正式上线试运行。2017年，山东、天津、上海、甘肃等地继续推广部署北斗防灾减灾终端。比如，山东省民政厅于年中为山东17市和179个县级报灾单位配发了应急指挥型和车辆导航监控型两型北斗减灾信息终端，至此，山东省5930部北斗减灾终端已全部配发完毕。据悉，到2017年底，全国部署北斗减灾应用平台的省份预计将达到15个，配发灾情直报型、应急救援型、车载导航监控型等各型北斗减灾信息终端超过4万台，具有短报文功能的北斗终端使用量将达到1.8万余台。

北斗在民政领域总的应用框架已建成。平台建设方面，全国已建成北斗综合减灾应用平台。该系统分部、省两级部署，采用"1+32"运营模式，以民政部国家减灾中心为主中心、各省（自治区、直辖市）民政厅（局）为分中心，其中国家减灾中心负责整个大系统的维护，并实时监控全国各分中心设备运行和网络通信状态。目前，信息服务中心正在试运行，且已在20个省份推广示范，另有自筹资金建设的3个省份也于2017年并入国家数据处理中心。在应用示范方面，一期主要是报灾和位置监测，目前已实现乡镇以上全覆盖和部分村落覆盖。终端方面，北斗减灾信息终端包括灾情直报型、应急救援型、车辆导航监控型等三个型号。终端采购方面，民政部北斗示范应用项目预计面向灾害信息员、救灾专用车辆和减灾救灾人员，集中定制4.5万台，其中，短报文终端1.3万台，RD终端（不带RN）1.7万台，RN终端3万台，车载2000套。从采购地区分布来看，北京地区的RD终端集中采购量为4000多套，远高于云贵川的零星采购量。APP软件统一开放并随终端免费配发。终端推广方面，分为省、市（州）、县（市、区、行委）、乡镇（街办）、村五级，村一级北斗减灾信息终端数量约为70万台套。在灾害频发省份的采购量来看，中东部、富裕省份等地的村一级推广较容易，在西北等贫困、欠发达地区，由于受到地方财政影响，大规模配置有一定难度，配比量约50%。标准支持方面，民政部制定了一套标准规范，针对各型北斗终端的设计、生产、测试以及北斗减灾应用平台建设制定了5项技术标准；针对国家减灾救灾典型业务应用，制定了6项业务操作规范。实际推广过程中，民政部国家减灾中心为各省推广应用北斗终端提供应用软件和技术标准支持，同时协调各省北斗终端入网注册和短报文运营服务工作，为全国各地采购北斗信息终端、建设北斗业务平台、开展减灾救灾业务应用提供支持保障。

北斗与互联网、物联网、大数据、云计算等多种信息技术的融合不断加深，助力国家应急减灾。2017 年，江西鹰潭、江苏南京等地，纷纷融合北斗技术与新兴技术，共同助力地灾监测、水库监测、森林防火等领域应用。6 月，在江西鹰潭市，中国国土资源报社等单位联合中国移动举行了"北斗＋窄带"地灾监测产品发布会暨应用合作签约仪式。该监测产品以基于"北斗＋窄带物联网"的融合为技术核心，可以实现毫米级精度的动态监测，而且能够利用传感器、监控站点、监控中心和移动终端等构成的应用体系，实现对地灾监测点数据自动采集，窄带网远程传输，监控中心和移动终端的数据处理、分析和预测预报。同月，南京市浦口区猪头山滑坡地质灾害智能监测预警工程投入运行，工程融合了北斗系统、多源数据传感器、网络通信、预警预报等技术，可对滑坡体的位移、孔隙水压力、降雨量等进行连续、实时、精确观测，且可通过电脑或手机 APP 进行远程监控。

第二节　应用前景

虽然北斗系统在灾情信息采集监控、应急救援指挥调度、人员搜救和灾害信息发布服务等方面应用已取得阶段性成效，但从目前用户使用北斗软硬件产品的实际情况来看，民政北斗减灾信息终端厂家、北斗标准和北斗成本参差不齐，北斗系统现有定位精度在满足灾区复杂环境下高精度定位需求方面也存在一定差距，后期推广应用需要进一步改进。北斗对于基层城乡社区和西部偏远地区防灾减灾意义重大，这些地区基础网络建设相对滞后，信息网络覆盖不全，自然灾害频发，灾情报送成为亟待解决的问题，而北斗移动终端＋北斗短报文通信可以有效解决该问题。随着北斗与物联网、互联网、云计算、大数据等多种技术的深入融合，北斗在国家自然灾害应急救助信息保障方面将发挥更大的积极作用。

第十一章 海洋渔业

北斗被誉为渔民的"保护神"，已在我国海洋渔业安全监管领域得到了迅猛发展，并受到了政府部门、渔政部门以及渔民的广泛欢迎。2017年，北斗定位和短报文通信功能在海洋渔业领域的应用继续不断拓展。

第一节 应用现状

政策引导北斗在海洋渔业领域推广应用。2017年2月，国务院印发《安全生产"十三五"规划》，提出海洋渔船装载北斗终端等安全通信导航设备，提升渔船装备管理和信息化水平。3月，国际海事组织航行安全、通信及搜救分委会第四次会议通过了我国提交的有关船载多无线电导航系统性能标准的建议，同时北斗被写入海事应用的PNT导则内。6月，国家发改委与海洋局联合印发《"一带一路"建设海上合作设想》，表示中国政府愿加强北斗卫星导航和遥感卫星系统在海洋领域应用的国际合作，为沿线国提供卫星定位和遥感信息应用与服务。11月，交通运输部与中央军委装备发展部联合印发了《北斗卫星导航系统交通运输行业应用专项规划（公开版）》，提出要开展全球海上航运示范工程和基于北斗的内河船舶航行运输服务监管示范工程，推进北斗系统在远洋船队管理、航线监视、港口生产和物流领域的示范应用，以北斗系统应用助力智慧港口建设，推动北斗系统在国际海事领域的应用，提高我国港航企业海外业务开拓能力和国际竞争力；充分利用海事共享数据库整合的水路运输资源，融合北斗信息，发挥北斗短报文功能，完善智慧海事监管和服务平台，拓展对船舶航行动态信息、遇险报警信息的感知和接收手段，提升对船舶的动态监管、应急救助和信息服务能力。

北斗在渔业领域应用稳步展开。各省基本都建立了基于北斗的省内海洋渔船动态监管平台，渔政、渔企、渔船可多级联动，并抓紧构建"全国渔船动态监管平台"，以实现跨省信息交互。2017 年，部分地区结合本地需求，瞄准智慧渔业建设，积极推进北斗渔业系统建设和北斗终端应用，并取得了阶段性进展。比如，平台建设方面，温州市正式启动基于北斗系统的渔船动态社会化监管与服务平台，该系统综合利用北斗系统、4G 移动网络、船舶自动识别系统等大量成熟技术与常用技术，开发出了两个版本：政府管理版和渔民服务版，通过渔船动态监管、渔船证书信息、移动执法等 7 个功能模块，实现信息实时互通。未来该系统有望在全省沿海城市推广。威海市海洋渔业监控平台建设项目也已竣工验收，进入试运行阶段，平台整合了近海渔船监控系统、海域动态监测监视系统、渔港视频监控系统、水产品质量追溯系统、海洋牧场观测网等六大板块，实现了海洋渔业各类管理系统和数据统一管理、统一展示、资源共享。同时，威海市表示将利用两年时间，对全市约 4000 部的船用北斗终端和 AIS 渔船防碰撞终端进行更新换代。上海市普陀区深入推进"智慧海洋渔业"建设，更新了 340 套 AIS 防碰撞设备、安装了 612 套北斗固定式船舶示位仪、推广了 408 套通信海上互联网设备等。目前，全区渔船防碰撞系统终端开机率接近 100%，卫星信息服务系统终端开机率达到 95% 以上。山东省滨州市沾化区海洋与渔业局继续建设完善渔业技术远程服务与管理系统，并利用山东省渔业安全应急救援指挥系统、RFID 射频标签终端、60 马力以下渔船 CDMA 手机终端、60 马力以上渔船北斗卫星定位、AIS 防碰撞等信息化手段开展全天候动态监控，实现了渔业合作社、规模以上渔业企业和养殖大户的信息服务与安全生产监管全覆盖，建成了全省首创、全国先进的全方位、可追溯的水产品质量安全现代渔业生产"大数据"监管体系。

北斗船载终端推广范围继续扩大。2017 年，辽宁丹东市海洋与渔业局面向全市符合条件的依法登记的渔船，免费发放并安装渔船通信导航与安全救助系统终端，其中免费安装近海中小型渔船北斗终端、便携式 AIS 终端、渔船航程智能终端分别为 875 台、875 台、2400 台，并继续为 1007 部近岸 CD-MA 救助信息终端提供支持。山东田横镇抓住上级渔业部门对北斗设备优惠补贴的有利契机，引导辖区渔船安装北斗终端，目前田横镇已有 57 艘大马力渔船安装了北斗系统、AIS 防碰撞终端等先进设备。目前，我国黄海、渤海、东海、南海等海域的 7 万多条渔船安装了北斗终端,累计救助渔民超过 1 万人。

第二节 应用前景

北斗在海洋领域的应用主要体现在,一是导航,用于海况观测、监测、海洋执法等方面;二是定位,如海洋浮标观测、海平面观测、海岛调查等;三是短报文,如渔民用北斗终端与手机进行并网运行,解决渔民海上通信需要。特别是在海上环境复杂的情况下,北斗海洋渔业位置信息服务中心可以在渔船遭遇天气、海况、火灾等险情时,实时获取相关渔船的位置信息,并及时组织救援。集北斗导航、短报文通信和其他海上通信手段于一体的船载终端,可以大大解决渔民海上快速定位、通信等需要,为海员及渔民等渔船作业人员提供安全保障。

我国是渔业大国,海洋渔业水域面积达到 300 多万平方公里,同时我国渔业具有船舶种类多、渔业生产作业人员多等特点,要求海洋渔业生产必须具备良好的通信手段、安全信息管理平台、实时监控系统等,以确保渔船作业的信息管理水平和救援及时性,保障渔民生命财产安全。利用北斗导航卫星的定位、导航和短报文功能,不仅可以提供海洋渔业监测、行业监管等业务管理,更重要的是能提供信息服务,实现渔业安全生产,建设信息化海洋渔业。此外,行驶在世界各大洋和江河湖泊的各类船舶大多需要安装卫星导航终端设备,目前远海应用仍以 GPS 为主,未来北斗终端和系统的替代空间很大。

随着《北斗卫星导航系统交通运输行业应用专项规划(公开版)》的实施,基于北斗的中国海上搜救信息系统示范工程建设将稳步推进,北斗终端设备在船舶和应急装备上的应用将加快,国内船舶和大型应急装备也将陆续安装使用北斗船载终端,北斗短报文遇险报警能力将在实践中不断提高。同时随着智慧港口建设,北斗系统在各港口的场站管理、港区调度、甩挂运输、车船货匹配、货物搬运、货物跟踪、多式联运等方面或将得到推广应用,有效提升港区运输调度和运营效率。

第十二章　公　　安

北斗系统在公安领域的应用范围很广，通过北斗应用系统与终端的部署，可以实现公安系统对警力资源的动态调度，为构建一体化指挥调度体系、网络时空管理体系、实时突发事件处置体系提供技术支撑，有效提升应急指挥、日常接处警、打击违法犯罪、服务群众的响应速度与执行效率[①]。2017年，通过示范引领，北斗在电动车防盗、高精度警保联动智能系统构建等公安领域的应用取得了阶段性成效。随着北斗公安示范项目的实施，北斗公安应用体系已初步建立，逐步形成了"全国位置一张图、短信一张网、时间一条线"的北斗应用体系。现阶段北斗在公安领域的应用逐步从政策引导向自发自主应用转变，从局部典型应用向规模化体系化应用转变。

第一节　应用现状

公安系统已实现了部—省两级公安信息网的北斗统一授时。公安领域的北斗授时应用主要包括两部分：网络授时和信息采集。公安部积极开展顶层设计，推广北斗授时应用，比如组织建设基于北斗的公安授时服务体系，公安专网和公安信息网已实现了部—省两级公安信息网的北斗统一授时，下级中心可以通过网络接收上级时间基准直接授时。信息采集方面，现阶段公安系统安装的监控摄像头大多没有使用北斗授时技术，众多摄像头之间的时间差异较大。

公安系统已构建"部—省—市"三级位置服务系统。公安部积极部署北斗警用定位终端，构建"部—省—市"三级位置服务系统，以实现警用位置

---

① 朱抚刚：《北斗卫星导航系统在公安领域的应用》，《卫星应用》2016年第7期。

信息资源的联网共享、分析挖掘。近两年，江西、河北、江苏、湖南、安徽、四川、新疆、内蒙古等省公安系统的警用装备主动安装北斗系统。北斗终端部署方面，2017 年 8 月，江西省分宜县公安局顺利为 50 辆警车安装北斗终端，不仅促进了科学部署路面巡逻警力，实现快速出警、就近派警，也可以动态监督民警到岗情况、路面巡逻、执法执勤等，为构建网格布警、精确指挥提供有力保障。江苏南京市公安局鼓楼分局针对警辅人员的工作职能，研发了专门电台设备——基于北斗系统的警务对讲机，促进了警辅队伍管理的科技化、正规化。据统计，全国公安机关各类警用设备中具备卫星定位功能的比例已超过 50%，通过示范建设推广部署的北斗终端数量超过 6 万台（套）。便民安全防范方面，北斗在电动车、摩托车防盗领域的应用继续成为亮点。南昌市公安局红谷滩分局自 7 月 18 日起，启动电动车北斗定位智能安防系统，以有效降低电动车盗抢案件发案率，打击电动车盗抢违法犯罪行为。江西新余市渝水区于 3 月建成基于北斗系统的智慧防盗系统，并按照每辆车 100 元的补助标准，免费为 3000 余辆电动车和摩托车安装了该防盗系统，预计 2018 年基本实现全覆盖，该行动将有效破解电摩被盗难题。北斗高精度警保联动智能系统及应用是 2017 年的另一亮点，4 月，由武汉大学、武汉六点整北斗公司、中国保险学会等机构联合开发的"即时判"北斗高精度警保联动智能系统及应用，在武汉上线发布，该系统可以为用户提供驾驶所需的主动安全和车联网信息服务，为车辆保险理赔提供现场还原和数据模型分析服务；6 月，宁波市北斗高精度警保联动智慧系统正式上线运行，该系统由交管云服务平台、保险云服务平台、北斗高精度车主服务云平台、北斗高精度智能网联车载终端、车主客户端 APP 等构成，可以实现警保联动在线同步审核一站式全流程处理服务，提升城市道路管理效能。北京合众思壮研发的北斗移动警务系统在金砖国家领导人第九次会晤的安保任务中发挥了重要作用，成为车辆人员进出安检和信息排查、民警安全巡逻等移动警务工作的"好帮手"。

公安系统已构建北斗公安应急短报文服务系统。公安系统在挖掘北斗短报文功能方面，组织构建了北斗公安应急短报文服务系统，以整合现有的公安系统北斗短报文资源，实现统一注册、分级管理，提高公安应急通信保障能力。北京合众思壮开发的警用实战系统解决方案，可以为公安用户提供北斗短报文应急通信、地图导航、卫星定位、核录查控、移动指挥等全方位的实战服务，全面满足公安信息化、实战化、规范化和正规化的建设需求。早在前两年，新疆维吾尔自治区公安厅就通过部署北斗指挥机、RNSS/RDSS 终端，为应急处突中的通信保障、警力协同提供支撑，已在打击暴恐活动中发挥了重要作用。

公安行业标准持续规范完善。在国家北斗标准体系框架内，公安系统早在 2016 年就组织制定了北斗公安应用标准体系，包括 5 大类、12 项标准规范。按照急用先行的原则，已发布了《北斗卫星导航系统公安建设与应用技术白皮书》《北斗卫星导航系统公安建设与应用指导意见》《北斗警用终端技术要求》等，批准了《警用卫星导航终端通信协议及数据格式》等行业标准项目立项①。

第二节　应用前景

围绕警员、车辆、特种设备的位置动态监控，北斗系统可以优化警力调配，实现网格化监管，提高突发事件的应急处理能力等，对提高公安系统自主信息保障能力具有重要意义。特别是由于反恐、维稳、警卫、安保等大量公安业务的保密性和敏感性，使用国产卫星导航系统的重要性不言而喻。公安系统提出的北斗应用目标是"支持北斗，兼容其他"。公安部已将北斗系统应用列入了"十三五"规划，提出力争在"十三五"期间实现警用车辆卫星定位终端配备率达 100%；具备卫星定位功能的手持设备配备率力争达到 80% 以上。按照要求，新加装的卫星定位终端将一律具备北斗卫星定位功能。随着北斗系统的完善、行业标准的规范、核心技术的突破，北斗在应急救援、大型活动安保、缉毒、侦查等公安业务领域的应用将不断创新、深化和拓展。

---

① 朱抚刚：《北斗卫星导航系统在公安领域的应用》，《卫星应用》2016 年第 7 期。

区 域 篇

第十三章　环渤海区域

环渤海地区包括北京、天津、河北、山东、辽宁等省市，拥有全国政治文化中心、国际交往中心、科技创新中心、全国先进制造研发基地、全国现代商贸物流重要基地，汇聚了大量科研院所、高等院校和行业龙头企业。这一地区政策优势明显，人才资源丰富，环节齐备，配套能力强，也是我国国内重要的卫星导航芯片研发、终端设计和制造、地理信息数据基地。近年来，北斗已成为战略性新兴产业的经济增长点，环渤海地区北斗产业规模及产业资源占有率在全国处于领先地位，也成为全国北斗应用最广泛、终端推广量最大的地区之一。

第一节　整体发展态势

环渤海地区充分利用专业人才、研究单位和相关企业集中的优势，率先开展北斗在各种领域应用的创新实践，积极出台各种推动北斗卫星导航事业发展的政策。环渤海地区"北斗＋"的产业融合发展业态逐步形成，北斗应用服务已遍地开花，并不断深化。2017 年 4 月，北京、天津、河北三地联合发布《京津冀协同推进北斗导航与位置服务产业发展行动方案（2017—2020年)》，把北斗产业成为京津冀协同发展战略实施的切入点和先行手段，提出到 2020 年，实现北斗导航与位置服务产业总体产值超过 1200 亿元，使京津冀地区成为国内最具影响力的北斗导航与位置服务产业聚集区和科技创新制高点①。2017 年 12 月，为切实推动京津冀北斗导航与位置服务产业发展，北

---

① 《加速打造一体化智慧城市北斗产业成京津冀布局重点》，经济要闻，http://economy. gmw. cn/2017 – 04/06/content_24147076. htm。

京市经信委、天津市工信委、河北省工信厅牵头，会同三地行业主管部门成立联合工作组，组建专家智库，作为指导京津冀协同推进北斗导航与位置服务产业发展的咨询机构，为京津冀协同推进北斗导航与位置服务产业发展战略部署、顶层设计、行动实施、工程组织等提供咨询与评估。除组建专家智库外，三地还将共同加强北斗导航与位置服务产业高端人才培养和引进力度，引进一批掌握前沿技术的创新创业人才[①]。2017年，环渤海地区卫星导航与位置服务产业的产值达560亿元，同比增长24%，全国占比约为22%。

第二节　重点省市

一、北京

北京市紧紧抓住京津冀协同发展等重大战略契机，坚持创新驱动发展，积极推动以北斗为核心的时空信息"高精尖"技术融合应用，重点服务于冬奥会筹办、城市副中心和新机场等重大任务和工程，进一步巩固并提升北斗产业发展水平，推进两化融合工作，带动新一代信息技术和现代服务业发展。

（一）加快推进北斗产业链延伸发展

北京市组织天津、河北两地有关部门共同研究编制了《京津冀协同推进北斗导航与位置服务产业发展行动方案（2017—2020年）》，重点围绕三地协同安全应急保障、交通与物流、综合养老服务等三个领域，通过促进共用共建共享协调发展，推动北斗基础设施一体化、应用示范一体化和运营服务一体化发展，确定北斗产业成为京津冀协同发展战略实施的切入点和先行手段。积极推动京津冀北斗应用示范项目建设，充分考虑利用京津冀三地现有导航位置服务设施和成果优势，支持三地产学研用单位自发联合开展先行先试工作。2017年4月，北京市政府与合众思壮等公司联合投资运营北京北斗导航与位置服务产业公共平台，与ofo小黄车签署战略合作协议，为基于海量出行

[①] 《京津冀协同推进北斗导航与位置服务产业发展》，新华网，www.xinhuanet.com，2017-12-12。

大数据向政府提供共享单车停放区域规划方案和建议，共同为 ofo 小黄车在京津冀地区配备北斗智能锁，实现城市精细化管理，也将有助于政府、北斗导航共同打造京津冀一体化智慧城市，加速推动京津冀一体化协同发展①。北斗平台建设完成了公共运营中心及创新创业服务中心。公共运营中心的导航与位置服务运营平台能够支持千万级用户规模，达到 100 万/次的并发处理能力，已经在道路交通、物流运输、公共安全、福利养老、智慧消防等行业及车辆监控、老人关爱等大众位置服务领域开展了应用。

（二）在多领域行业中大力推动北斗应用服务

组织开展针对有北斗应用需求的单位或部门进行深入调研和项目储备研究，特别是重点结合北京冬奥会、城市副中心和新机场建设中的北斗应用需求，通过组织实施北斗重大项目，进一步引导和推动北斗产业更快更好发展，服务于重大任务工程，并借力冬奥会、副中心和新机场建设，打造形成具有国际影响力的北斗应用服务样板工程。在应急预警领域，"基于北斗的应急报灾系统"完成全市合计 4000 套北斗终端的配发应用，覆盖北京下辖的所有 16 个市辖区、及各市辖区总共 320 个乡镇级行政单位。通过与新兴技术融合，"北斗＋"概念风起云涌，涌现出了北斗魔盒、北斗时空表、北斗约车、北斗放牛、"北斗菜""货车帮"等产业新生态，推动了供给侧结构改革，让应用从传统走向更智能。在电商物流领域，京东集团已研制出北斗智能车载终端及人员佩戴式手环设备等北斗产品，应用于京东 1500 辆物流车辆和 19000 个配送员，并接入物流云平台进行有效运转，能实时掌握和调度车辆、人员位置、状态和载货信息，为客户提供最适合的配送方案，并根据需求变化迅速调整。在智能交通领域，2017 年，市交通委运输局发布了出租车更换设备的相关通知，全市 1 万余辆出租车上已经试点安装了智能车载终端一体机，一体机可随时监督车辆的运营情况，具备电子支付功能、卫星定位功能、驾驶员电子证件识别和身份认证功能，具备接受电召和行业调车业务功能，并支持驾驶员身份和计价费用信息显示。

---

① 《北斗成京津冀一体化切入点共享单车将先行试点》，行业频道，http://field.10jqka.com.cn/20170406/c597481757.shtml。

（三）持续完善北斗应用发展的软硬基础条件

截至 2017 年底，北京市已完成 22 个北斗 CORS 参考站的建设。建成的北斗 CORS 系统将提供覆盖全国的广域米级定位增强服务和覆盖北京区域的厘米级高精度增强服务，现在 20 个参考站已接入"导航与位置服务高精度增强服务平台"，实现了数据联通，成为北京市为政、企、大众用户提供高精度位置服务的重要基础设施①。如为养老机构、中小学与幼儿园等提供室内外一体化的精准位置服务，为企事业单位提供全市空间基础数据叠加服务等。重点打造国家级北斗时空专业智库，抓住以时空技术实现智能服务在我国刚刚发展起步的重大机遇，充分发挥北斗产业龙头企业和顶级专家聚集优势，打造北斗时空领域具有全球影响力的国家级智库，开展时空信息服务领域的战略研究、顶层规划、决策支撑、评估评价、投融资咨询服务，指导北斗时空科技创新及产业经济发展进程，进而引领现代智能信息服务业的整体进步，实现相关产业的体系化推进和跨越式发展。2018 年 3 月 26 日，中国软件评测中心与全图通位置网络有限公司共同建设的全国首家导航定位高精度软件与算法联合实验室在京成立，实验室将紧贴行业应用需求，围绕特定的应用场景，开展软件与算法的测试和评估工作，为行业用户提供测试报告，协助制定行业应用标准，还将发起成立导航定位高精度软件与算法联盟，构建高精度算法库，推动米级和亚米级行业应用的拓展②。

（四）强化北斗产业发展的需求牵引

北京市以"京津冀协同发展""一带一路"和"军民融合"战略为方向指引，面向北斗应用发展趋势，紧抓以北斗为核心的时空科技发展重大机遇，进一步整合各方面力量，集聚京津冀北斗科研单位和企业，以及先进制造、互联网、大数据、现代服务业等相关领域资源，共同着力于提升北斗产业发展动能，鼓励北斗"一带一路"走出去和北斗军民融合应用发展。作为国家北斗卫星导航区域应用示范，北京市围绕"城市精细管理、城市安全运行、便捷民生服务、高效产业提升"等开展了 10 个北斗示范子项目建设。截至

---

① 《北京应用"北斗"全国居首》，http://xw.kunming.cn/a/2017－02/16/content_4522182.htm。

② 《全国首家导航定位高精度软件与算法联合实验室成立》，2018－03－27，全图通位置网。

2017 年底，推广应用北斗终端 9.4 万台套，在应急预警、电商物流、智能交通、食品安全、智能驾考等领域形成一批典型应用示范。北京市 1.8 万余公里天然气管线已采用北斗卫星导航系统进行巡检，计划 2020 年利用北斗系统替代 GPS 定位系统确保首都燃气安全。北京燃气开启北斗应用新里程后，北斗应用领域不断拓展，全面渗透城镇供热、电力电网、供水排水、智慧交通、智慧养老等多个领域①。北京市交通委发布试行的《北京市出租汽车服务管理信息系统运营专用设备要求》明确规定了 2017 年开始，北京市出租汽车服务管理信息系统运营专用设备卫星定位装置必须采用"北斗定位"。

二、天津

（一）北斗全产业链布局基本形成

天津市北斗卫星导航产业经过多年发展，已形成包括芯片、终端设备、系统集成、应用服务等相对完整的产业链。在技术研发、应用开发方面，主要有天津 712 所、天津 764 所、北斗微芯、北斗星通、天地图、天津北斗乾星科技、天津通广集团、华力创通、国腾电子及航天五院有关企业。此外，天津滨海新区与国防科大四院合作共建了军民融合创新研究院。天津市在港口物流、交通运输、汽车制造、移动通信、移动互联网等行业优势明显，对北斗导航、定位、授时有较大的市场需求，具有较大的北斗产业发展潜力。

（二）搭建推进产业延伸发展的共享平台

2017 年底建成的北斗产业基地（天津高新区）项目位于天津高新区未来科技城，项目总投资 15 亿元，总建筑面积 12 万平方米。目标是实现北斗产业基地与天地图全球数据服务基地的标准化信息资源共享，通过整合国内外地理信息产业的资源优势，加速推进区域地理信息产业链的形成和产业化发展。②

---

① 《北斗系统民用用户达千万级产业应用渐入佳境》，http://blog.sina.com.cn/s/blog_163e402230102x0ce.html。
② 张杰：《天津市卫星应用进展》，《卫星应用》2017 年 10 月 25 日。

（三）持续推进北斗系统的海事运用

天津市充分利用自己在港口海航方面的天然优势，通过北斗海事监测系统，加快推动天津在北斗行业的应用技术创新，提升天津在北斗导航产业方面的竞争力①。天津建立了一个全球导引和调度指挥中心，主要负责协调全世界北斗用户的需求，将该系统嵌入各国的民用装备和手机，以便及时报告使用情况，在海外用户遇险时进行有效救援。海联会在天津成立"指挥基地"指挥中心将与"海新社""海北斗""海飞手""海卫队""海骑兵"等5个指挥中心联动，实现海联会的联合指挥。"海北斗"系统将为中国在海外的企业提供实时导航，保证海外的陆路运输和海上运输、旅行的高效；实时定位，为企业在海外项目考察中，提供定位、测量等帮助；结合其他功能提供海外无人机操控，实时监控"一带一路"有关地区的活动。

三、山东

（一）形成了以典型行业应用为主的北斗产业特色

山东省在交通、海洋、授时等北斗应用领域形成了一定的特色和优势。2017年通过筹建山东省北斗产业联盟、山东省北斗产业研究院和山东省北斗产业基金等方式，推动北斗产业快速发展。2017年11月，山东省加强与国家发展改革委、工信部、国防科工局等国家有关部门单位合作对接，签订《卫星数据共享与区域应用推广合作协议》等战略合作协议，推进北斗、高分等卫星应用，开展海岸带变化、海冰范围和厚度变化、水产养殖、浒苔和悬浮泥沙、海洋环境变化等动态监测，推进北斗产业的军民融合发展。山东航天九通运营的"山东省道路运输车辆动态信息应用技术服务平台"和"山东省北斗货运动态信息平台"，现有入网车辆已超过23万辆。持久钟表可提供基于北斗的时间同步系统解决方案，在机场、高铁、电网、核电等领域得到应用。

（二）北斗产业集聚发展形成规模

济南市北斗产业主要集中在山东信息通信技术创新产业基地。其中，齐鲁软件园拥有北斗相关企业12家，产业规模1.5亿元，从业人员550余人，

---

① 张杰：《天津市卫星应用进展》，《卫星应用》2017年10月25日。

主要集中在道路运输车辆动态信息应用服务、测量型终端、软件开发等方面。济南高新区正在依托齐鲁创新谷规划建设北斗产业基地。

青岛市主要以高新区为核心推进北斗产业聚集发展，依托载体包括占地240亩的北斗导航产业专业孵化器和建筑面积1.5万平方米的青岛北斗大厦，目前入驻企业包括青岛光电工程技术研究院、北斗天讯科技有限公司、北斗信通电子科技有限公司、天行北斗物联网有限公司、云联盟信息技术有限公司等22家，主要涉及北斗终端产品研发及行业应用，从业总人数约200人。

潍坊市北斗产业依托北斗·地理信息产业园为主要载体，该园为山东测绘地理信息产业基地的一部分，主要从事车辆监控平台、各类终端研发等，总投资12亿元。目前，园区一期已建成并投入使用，二期、三期正在施工建设中。园区内现有企业17家，从事北斗行业700人，北斗行业研发投入4000万元。

四、河北

（一）以雄安新区建设牵引北斗产业发展

2018年2月，河北省发布《河北省人民政府关于加快推进工业转型升级建设现代化工业体系的指导意见》，明确了雄安新区要发展的四大类高端高新产业，其中包括北斗导航等为主的军民融合产业。这四类高端高新产业分别是：军民融合产业（北斗卫星通信导航、信息安全、智能机器人等）、新一代信息技术产业（人工智能、大数据、云计算、物联网等）、生命科学和生物医药产业（基因工程、高端医疗设备研发等）、高端服务业（智慧物流、工业设计）。同时雄安新区还把目光瞄准了一批未来产业，包括量子通信、区块链、石墨烯、液态金属等。截至2018年4月，已经有100多家高端高新企业在雄安新区核准工商注册。获批入驻的首批48家企业中，前沿信息技术类企业14家，现代金融服务业企业15家，高端技术研究院7家，绿色生态企业5家，其他高端服务企业7家。

（二）北斗产业集聚发展初步成形

中国电子科技集团第54所是国内最早从事北斗卫星导航终端和终端测试系统研制的企业之一，也是目前我国北斗卫星导航领域的几个骨干单位之一，曾承担了"北斗一代""北斗二代"建设中的大量任务。54所在北斗系统信号体制、地面控制系统、测试系统、天线、用户机、基带芯片等方面积累了技术。以 54 所为龙头，在石家庄、固安等地形成了北斗产业集聚，拥有河北建智北斗电子科技有限公司、河北亿海北斗卫星导航技术开发有限公司、河北北斗程讯科技有限公司、河北昊联网络科技有限公司等约 50 家企业，主要涉及终端设备、应用系统及运营服务。

石家庄市北斗产业主要集中在鹿泉经济技术开发区，以石家庄信息产业基地为依托，采取"园中园"形式发展北斗产业，分布相对集中，规划占地 800 亩。目前，园区企业有 14 家，以中电科 54 所、13 所等军工企业为代表，固定资产投资达 28.6 亿元，从事北斗人员 1082 人。鹿泉经开区被河北省发改委认定为光电与导航产业基地，2016、2017 年给予 3000 万元资金支持。

廊坊市主要以固安卫星导航产业园为载体，发展北斗导航产业，主要聚集北斗导航基础产品、终端设备两大产业环节。截至 2017 年，园区企业总产值为 8000 万元，固定资产投资为 1500 万元。产业园入驻企业主要是北京高科技产业的延伸和外溢。从事北斗行业相关企业 6 家，从事北斗行业人员 80 人，北斗行业研发投入 2000 万元。

（三）以北斗科技全面推动区域产业转型升级

2017 年 2 月，北斗科技小镇项目落户河北邢台，由中和北斗信息技术股份有限公司、中国航天建设集团有限公司、河北保福文化传播有限公司共同出资建设。项目总投资 130 亿元，规划面积 4900 多亩，总建筑面积约 250 万平方米。项目以"北斗卫星大数据产业园"为核心，集"产、城、技、文"四位一体，打造以产业为主导、以科技为核心、以生态为标准的"宜业、宜居、宜商、宜产、宜游"的北斗科技特色小镇。该项目分两期建设，其中一期选址在皇寺村，预计投资 30 亿元，着力打造智慧环保产业、北斗产业（大数据中心）、教育产业（学历、非学历教育）和配套商业与住宅产业四大板块；二期计划建设投资约 100 亿元，主要建设北斗产业、教育产业、养老产业、健康产业、配套商业与住宅产业五大板块，成为当地产业转型升级的重大标志①。

①《邢台县将建北斗科技小镇项目总投资约 130 亿元》，河北频道－人民网，http://he.people.com.cn/n2/2017/0216/c192235－29722303.html。

第十四章　长三角区域

长三角地区包括上海、江苏和浙江等省市，具有扎实的电子工业基础和雄厚的人才资金储备，市场资源优势明显，科研实力强劲，产业链覆盖较全，是国内主要的北斗导航产业研发、生产和应用地区，在芯片制造、天线制造等重点环节布局北斗导航产业发展，在高精度接收机研发、汽车应用生产和集成应用等方面具有相当优势。

第一节　整体发展态势

2017 年，长三角地区充分发挥卫星导航示范工程项目的示范带动作用，"北斗＋时空＋"发展活跃，核心骨干企业竞争力明显提升，大力推动相关产业园区和建设，形成良好的发展集聚效应，同时积极拓展卫星导航与位置服务在大众领域的规模化应用，区域总体产值增速继续保持全国领先。"＋北斗"成为长三角地区产业融合发展的独特亮点，各领域的优势企业看好北斗、应用北斗、投资北斗，主动把北斗定位、导航、授时、通信功能集成到自身的信息化系统中，甚至通过资本运作直接全面布局相关产业。例如，兵器北斗产业创新中心以全国视角，通过资源、业务、项目、资本、服务等多种维度合作，将本地乃至全国相关优势企业联合起来，以北斗基础设施、高精度基础平台、北斗产业化、北斗应用开发及时空大数据等五个产业能力建设为抓手，协同研发，共同创新，打造"北斗＋互联网＋应用"的产业生态，从而最终实现"1＋1 万"的产业放大效应[①]。2017 年，长三角地区卫星导航与

---

① 上海市经济和信息化委员会重大专项办公室主任邹洪、赛迪智库军民结合研究所张新征：《发挥龙头企业引擎作用促进北斗产业集聚发展》，《中国电子报》2017 年 6 月 30 日。

位置服务产业的产值约 350 亿元，同比增长 25%，全国占比约为 13%。

第二节　重点省市

一、上海

（一）聚集北斗产业健康发展的优势资源

2017 年，上海市科委和青浦区政府高效整合各种社会、高校科研院所、企事业单位等资源，遵循"一核两翼两平台"的基本发展框架，组织建设北斗西虹桥基地。积极与上海交大、武汉大学、国防科大等高校合作，建设各类公共服务平台，引入华测、北伽、海积等核心技术企业，打通"用产学研管"关键环节，协同推动技术跨界融合创新和北斗全产业链创新，产业聚集效应明显、品牌影响力骤增，形成了具有前瞻性、创新性的发展业态。

（二）以龙头企业带动北斗产业生态发展

上海以行业内龙头企业为核心的北斗产业园区形态，有效带动了产业链的发展。上海司南卫星导航技术股份有限公司是国内首家完全自主掌握高精度 GNSS 模块核心技术并成功实现规模化商品应用的高新技术企业。以上海司南卫星导航技术股份有限公司为龙头，司南北斗高新技术产业园集聚了一批基于位置服务的相关企业。园区北斗行业研发投入每年约 2500 万元人民币，产品和服务应用涉及芯片、模块、板卡、天线、导航软件、终端、系统集成、运营服务等北斗全产业链。[①]

（三）积极拓宽北斗导航的行业应用

上海市从横向、纵向拓展北斗产业行业，丰富产业内涵。多家北斗产业园区通过导航定位技术与行业应用跨界融合，实现"北斗 +"智慧城市、交通监控、物流监控、健康管理、精准农业等各种应用服务，北斗 + 跨界融合

[①]　上海市经济和信息化委员会重大专项办公室主任邹洪、赛迪智库军民结合研究所张新征：《发挥龙头企业引擎作用促进北斗产业集聚发展》，《中国电子报》2017 年 6 月 30 日。

导航企业在不断增多，且产值占比越来越高，已快速成为发展主流。2017 年
8 月，上海发布《关于加快本市应急产业发展的实施意见》，提出到 2020 年，
在应急智能机器人、北斗导航救援系统、城市公共安全应急预警物联网、应
急救援装备等方面的关键技术和产品的研发和制造能力达到国际先进水平，
将培育一批在国内外有影响力的应急产业企业，逐步实现高端应急装备核心
产品的进口替代，实现应急产业工业产值与服务业产出达到 1600 亿元，发展
基于北斗技术的高层楼宇、老旧楼房及高架桥梁等建筑的安全监测与防御，
以及灾害保险、北斗导航应急服务等①。

二、江苏

（一）明确将北斗产业列为重点支持的引领性未来产业

2017 年江苏省涉及北斗的政策支持方式多样且具有实效。根据政策，江
苏省每年投入 3 亿元人民币，定向支持江苏北斗产业基地内的企业。2017 年
1 月，江苏省政府出台了《江苏省"十三五"现代产业体系发展规划》，把以
北斗导航为核心的智能驾驶产业列为积极培育开发的未来产业之一，明确提
出重点突破先进卫星遥感、通信、导航、智能技术等，加快开发北斗导航接
收、发送等关键设备和部件，推动无人驾驶技术的系统研发、设备研制及产
业化。在区域特色产业带方面，提出做强沿沪宁线地区产业带，推进苏南国
家自主创新示范区区域创新一体化布局，突破关键核心技术，支持发展纳米
材料、石墨烯、物联网、未来网络、北斗应用、机器人等引领性产业。中国
兵器信息化及北斗应用产业基地也被列为 2017 年江苏省各设区市首批集中开
工重大项目之一，基地项目占地约 335 亩，总建筑面积 30 万平方米，预计在
2018 年上半年迎接验收，主要从事北斗位置检测设备、无人机的研发和生产
等，还将建设国家级北斗检测中心、北斗大数据中心，开展北斗位置服务等
业务。其中，国家级北斗检测中心是国内第一个广域高精度位置服务系统检
测中心。

---

① 《上海市人民政府办公厅关于加快本市应急产业发展的实施意见》，《上海市人民政府公报》
2017 年 9 月 5 日。

（二）实现卫星应用产业延伸发展

2017 年，南京卫星应用产业园发挥出江苏省北斗产业发展重要引擎的作用，以北斗卫星导航为核心，以卫星通信、遥感气象为重点，拓展物联网、集成电路芯片等领域的应用，进一步延伸卫星应用产业链的长度和宽度，从横向、纵向拓展卫星应用产业，力争到"十三五"末实现卫星应用产业收入达到 400 亿元。园区先后推动江苏宅优购电子商务有限公司、中石化新星江苏新能源有限公司、香港忠天新能源集团等规模企业落户，其中宅优购注册资本达 2400 万美元；中石化新星江苏新能源公司注册资本 3000 万元人民币，总投资规模达到 1 亿元人民币；忠天新能源集团注册资本达 2000 万美元。园区已聚焦部分央企、上市公司、行业百强和小卫星等卫星领域战略新兴产业公司，鼓励以商招商，形成以龙头带动上下游产业发展模式。同时利用领军企业打造平台，建立创客空间，吸引并促进企业上下游发展，重点支持现有两大企业创办的创客空间。一是南京中网卫星通信股份有限公司为运营主体的"创客·星客汇"，该众创空间通过市场化机制、专业化服务、网络化手段和资本化途径已引入了 20 余家卫星通信产业链上下游配套企业。二是南京互信互通公司建设的"创客·星智汇"众创空间，依托项目创意、研发到融资、销售等方面服务已经引入了 20 余家电子信息、互联网卫星应用等企业。

（三）优化北斗产业发展的生态体系

南京卫星应用产业园重点围绕卫星导航、通信、气象、遥感及小卫星等产业方向，引入芯片研制、功能模块、元器件制造、终端机生产及其他卫星应用相关产业链上下游企业。现已集聚卫星应用产业企业 160 余家，主要企业包括航天科技集团和航天科工集团下属企业，南京北斗星通信息服务有限公司、江苏中海达海洋信息技术有限公司、江苏超惟科技发展有限公司、南京互信互通科技有限公司、南京中网卫通通信股份有限公司，以及通信卫星、北斗导航在轨道交通、汽车、电力等行业的应用企业，启动了北斗科技特色小镇调研、论证工作。2017 年，园区完成了江苏北斗产品检测认证中心、江苏北斗位置服务中心、江苏北斗地基增强中心三大平台建设，已相继衍生出北斗商用车辆监控管理平台、北斗公安执法调度指挥平台、北斗农机作业精细化管理平台等 12 个应用平台。检测认证中心已具备卫星导航设备测试、电磁兼容测试、环境试验与可靠性试验等检测服务能力，并积极协助政府部门建立标准化、规范化导航产品检测体系和标准。在南京市经信委和南京高新区的支持下，南京市七家卫星应用相关企业联合发起成立了"南京卫星应用行业协会"，协会主要通过吸纳行业相关会员，开展峰会、讲座、产业调研、科研攻关等相关工作，与中国卫星导航定位协会、中国北斗产业化应用联盟及相关行业协会开展广泛合作。

三、浙江

（一）超前布局导航芯片尖端技术

2018 年 2 月，武汉导航院浙江分院刘经南院士工作站在绍兴越城区（高新区）信息技术创新服务综合体内揭牌"上线"。武汉导航院浙江分院主要从事北斗导航芯片核心技术产品的研发、生产及销售，并设计完成拥有自主知识产权的两颗"浙江芯"，具体内容包括：建设北斗高精度导航产品研发生产基地、建设北斗导航大数据处理中心和位置信息服务平台、打造中国东部北斗技术应用推广中心、建设浙江北斗产业科技公司孵化基地等项目，累计总投资不低于 20 亿元人民币。导航芯片研发基地落户绍兴后，芯片封装、芯片制造等配套大型企业也会紧随其后进入，并带动更多的尖端科技和产业进入和集聚，对区域产业转型升级具有巨大推动作用，带动形成千亿级高端产业集群[1]。

（二）智慧城市建设牵引北斗科技创新与融合发展

浙江省北斗产业联盟，作为承接北斗产业技术转化的浙江省创新技术和应用平台，已在智慧城市、智慧水务、智慧农业、智能出行等领域不断突破。2017 年 9 月，浙江省北斗产业联盟携基于北斗定位导航系统的高精度定位技术的危房监测、大坝监测、智慧农机三大行业应用产品亮相由中央网信办、工业和信息化部等六大单位指导、六大主办单位联合主办的第七届中国智慧城市技术与应用产品博览会（宁波）。2018 年 1 月，宁波智慧城市试点项目之一的商用版"北斗即时判"警保联动智慧系统在浙江宁波启用。该系统是

---

① 《尖端技术引领跨越转型》，《绍兴日报》2018 年 2 月 8 日。

国内首次采用北斗高精度亚米级定位技术且在互联网上实现商业落地的车载智慧系统,具有一键报案、一键救援、全智能语音导航、行车记录等功能,通过高精度北斗定位技术,可在线获取实时数据,帮助交管部门、保险公司和司机快速定责理赔,有效解决了车祸导致的交通拥堵问题①。

(三)中兵集团加速浙江北斗民用产业布局

2017年12月15日,国务院直属央企中国兵器工业集团战略投资浙大正呈科技有限公司的签约仪式在北京举行。这是中兵集团与阿里巴巴集团合作成立北斗高精度服务平台千寻位置网络有限公司之后,再次满足北斗民用方阵、促进北斗产业发展的重要举措。中兵集团投资浙大正呈并成为最大股东,将促进浙江北斗行业应用经验在全国范围快速推广,协助各省市搭建省级北斗位置综合服务与大数据平台,推动重点行业应用系统建设,开放接入各个北斗应用服务商的数据和服务,推进区域北斗产业和行业应用集约化发展,并为北斗系统走向"一带一路"及全球化发展战略提供优质产品与服务。浙大正呈与中兵集团的合作,将加快打造服务国民经济各行业的北斗高精度应用和大数据平台,从而在社会经济发展过程中最大程度发挥北斗系统的战略价值。

(四)北斗投资基金加速区域地理信息产业建设

2018年1月,湖州莫干山高新区与浙江投资企业合作,共同设立了规模为10亿元的北斗投资基金,其中一期2.5亿元基金中,约有1亿元将主要投向高新区的地理信息企业。北斗投资基金先期由"政府主导切入",后期由"市场主导运作",主要围绕北斗产业项目进行投资。基金的运作方龙庆资本,是杭州玉皇山南基金小镇首家入驻公司,专业从事股权投资管理,管理了总规模累计达25亿元的基金,已成功运作十几家企业上市及多家企业并购上市。目前,北斗地理信息产业是其主要投资方向之一。投资企业负责人表示,以北斗应用为代表的地理信息产业,无疑将是下一个产业"风口"。

---

① 《浙江:启用"北斗即时判"》,《解放军报》2018年1月18日。

第十五章　珠三角区域

以广州、深圳等为中心城市的珠三角地区，依托区位、资金、市场机制等优势，形成了以引进、组装、制造卫星导航终端产品为主的产业格局，是国内最主要的卫星导航接收终端设备生产集散地。经过十多年的发展，珠三角地区卫星导航产业已形成明显的集聚效应，卫星导航相关企业数量全国第一，是国内 GNSS 产业配套能力最强、应用市场最成熟的地区。

第一节　整体发展态势

珠三角地区广泛开展国家卫星导航应用示范系统工程，将北斗导航技术广泛应用于测绘、航运、物流、机械控制等重点行业和关键领域，努力实现广东省卫星导航企业完成向北斗或以北斗为主导的双模格局转型的发展目标。珠三角地区北斗产业相关上市公司较多，如中海达、海格通信、深赛格、同洲电子等，是北京以外上市公司最多的地区，获得重大专项支持的非上市公司南方测绘也在广州。由于手机和车辆前装市场的快速发展，传统后装车载终端市场受到较大挤压，卫星导航终端设备价格呈下降趋势，2017 年珠三角地区卫星导航产业产值增速有所放缓，年产值约 580 亿元，同比增长 13%，全国占比约为 24%。

第二节 重点省市

一、广东（不含深圳）

（一）培育"北斗时空＋共享经济"的位置服务新业态

广东省以位置服务应用拉动珠三角地区卫星导航产业发展，在公车及校车电子监控、共享交通出行等方面产生了显著的经济和社会效益，与传统优势的终端制造业形成双轮驱动。在共享车联网方面，通过高精度位置服务平台构建一体化的共享时空体系，为未来人工智能时代的自动驾驶、无人机、机器人等新兴行业提供高精度的厘米级的定位服务以及空间信息服务。2017年，海格通信重点开发北斗时空大数据共享服务系统，并推进在个人位置服务、城市公共管理以及新一代平安城市等领域的应用。以北斗应用为核心，全面构建一个在任何时间、任何地点都能提供精准时空信息的大数据服务体系，通过创新与融合发展，形成一个多源感知、全面共享的智能信息生态系统，培育"北斗时空＋共享经济"的位置服务新业态。摩拜和广州交研院2017年底的一项研究显示，摩拜2016年9月20日进入广州，短短14个月时间，有八成市民放弃乘坐禁止在市区道路通行的五类车，在共享单车快速扩张过程中，帮助交通管理部门解决了城市交通治理问题。

（二）强化对北斗导航产业的知识产权运用促进

2018年1月，广州市人民政府发布了《广州市创建国家知识产权强市行动计划（2017—2020年）》，提出实施知识产权运用促进工程，完善专利导航产业发展工作体系，大力推进广州开发区国家专利导航产业发展实验区建设，对卫星通信（北斗）导航、智能装备、生物医药等区域优势产业进行专利导航分析，为重点企业提供专利导航、分析、挖掘、预警服务。

（三）积极鼓励北斗导航产业的军民协同创新

2017年11月，由广东省科学技术厅、惠州市人民政府主办，惠州仲恺高新区管委会、广东省生产力促进中心共同承办 2017 中国创新创业大赛军民融合专业赛（惠州赛区），以"富国强军　寓军于民"为主题，聚焦"北斗应用"等领域，发布"南海维权指挥平台""北斗导航安全及增强应用系列产品""北斗卫星精确定位云系统"等技术成果，鼓励北斗导航产业的技术创新。近年来，惠州仲恺高新区抢抓国家军民融合发展战略机遇，加速集聚军工创新资源，在北斗产业方面，园区引进了广东首个北斗开放实验室——北斗（惠州）产业开放实验室，加紧筹建北斗产业技术研究院、北斗产业大厦、北斗应用数据中心等协同创新平台。

（四）龙头企业在全国开展北斗业务布局

海格通信北斗应用方面处于国内领先地，具备"芯片、模块、天线、终端、系统、运营"的全产业链配套能力，技术水平业内领先，产业优势明显。海格通信围绕业务发展需要，按照"产业协同、技术领先、拓宽业务、打造精品"思路，在广州、北京、郑州等地规划建设了园区，自建自用。广州海格通信北斗产业园主要将总部已有的北斗业务聚集起来发展。北京海格园基于集团打造南北呼应的地域性战略布局而设，作为集团各成员企业和驻京机构的研发产业基地，打造一批拥有高科技核心技术和自主知识产权的创新性

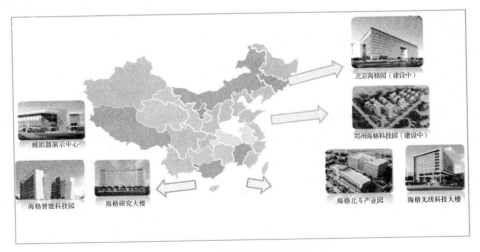

图 15 - 1　海格通信产业园布局

数据来源：海格通信，2018 年 4 月。

企业，助力企业导航通信产业集群的形成①。郑州海格科技园·军民融合产业基地主要以智慧城市为推手，发展自身已经具备的位置服务、专网通信、信息化服务等核心产品和系统集成能力。2017 年 2 月，海格通信获无线通信、北斗导航的 3 亿元订货合同，开展无线通信、北斗导航及配套设备的生产合作。

二、深圳

（一）以融合产业基金促进北斗导航产业做强做优做大

作为全国重要的信息技术产业研发制造基地，深圳市大力发展智能制造，培育壮大航空航天等新兴产业，不断增强发展的新动能。2017 年，深圳市专门设立了 50 亿元的卫星导航融合产业基金，成立了北斗卫星导航系统应用产业联盟，聚焦卫星与地面的太赫兹高宽带通信，重点投资卫星导航芯片、兼容多模多频高精度天线模组、高性能导航基带、射频芯片、精确定位、高动态定位等技术项目，不断健全卫星物联网/互联网的产业生态链，初步在卫星导航、微小卫星、航空电子等领域形成了较好的产业基础，民用卫星导航系统占全国40%以上的市场份额，集聚了中科遥感、东方红海特等一批卫星研发机构和应用企业②。

（二）高端导航芯片研发取得重大突破

2017 年 9 月，在第六届中国卫星导航与位置服务年会暨首届卫星应用国际博览会上，深圳华大北斗科技有限公司正式发布了全球首颗支持北斗三号信号体制的多系统多频高精度 SoC 芯片——HD8040，很多性能指标均达到或超越国际先进水平，除了支持全球所有民用导航系统外，还采用双频差分技术，在无地基或星基增强辅助的情况下，即可实现亚米级定位精度。此外，它集成浮点运算单元，计算能力实际跃升 40% 以上；工艺制程方面，在高精度领域率先采用 40nm 制造工艺辅以多种先进低功耗设计并提供丰富的接口，支持各种扩展应用。它还内置了 DES、AES、SM4 等加密单元，具备芯片级安

---

① 杨少鲜、崔克萍：《透过四大典型企业看我国北斗产业发展现状》，《卫星应用》2017 年 11 月 25 日。
② 陈如桂：《深圳民用卫星导航系统占全国40%以上市场份额》，泰伯网，2017 年 9 月 16 日。

全加密功能，从源头保护位置及敏感数据安全①。

（三）持续提升北斗时空信息服务能力

深圳市高度重视加速卫星导航系统应用与推广。2017年1月，深圳交委、深圳巴士集团与"滴滴出行"签署战略合作协议，打造国内首个城市"一站式出行平台"，通过使用北斗卫星导航技术，解决市民"等车难"的问题，提升公交调度的效率。这一全市开放性的综合交通大数据平台，将提升交通管理智能化水平，打造智慧交通产业发展生态圈。

① 《华大北斗荣获2017年汽车电子科学技术两项大奖》，《华大北斗芯资讯》2018年4月12日。

第十六章　西部地区

以四川、陕西、重庆为代表的西部地区，航天航空部门技术、设备、人才等优势明显，是我国卫星导航和位置服务行业重要的生产和应用基地。在北斗导航产业方面，西部地区高举军民融合大旗，依托军工产业优势，侧重于军事、应急、防灾、减灾、地质监测等特殊领域的应用，发展以卫星零部件制造为主的产业格局，成为北斗导航产业最具发展潜力的地区之一。

第一节　整体发展态势

西部地区充分利用在军工以及重工业方面的优势，把北斗作为军民融合产业发展的"排头兵"，搭建地区级卫星导航应用平台，充分发挥航天科工二院、航天恒星、振芯科技、九洲电器、长虹电子等龙头企业的辐射带动作用，在位置服务数据中心建设、北斗"一张网"地基增强系统建设、卫星导航技术研发方面走在全国前列，集聚相关卫星导航企事业单位800多家，在北斗导航产业链各环节均形成比较鲜明的特色优势。依托西部地区汽车制造业的雄厚基础，联合汽车厂商与卫星导航相关企业，在国产北斗芯片、北斗兼容终端进入车辆前装市场方面取得了突破①。2017年，西部地区卫星导航产业的产值达245亿元，同比增长22%，全国占比约为9.6%。

---

① 中国卫星导航定位协会：《中国卫星导航与位置服务产业发展白皮书（2016年度）》，第25页。

第二节 重点省市

一、陕西

（一）新一代星载原子钟助力北斗三号技术性能大幅跃升

2017 年 1 月，我国成功发射的北斗三号第三、四颗组网卫星装载了中国航天科工二院 203 所（西安）研制的一台高精度铷原子钟和一台星载氢原子钟，技术指标达到国际先进水平。星载原子钟主要应用于导航系统，分为氢原子钟、铷原子钟和铯原子钟 3 种，目前国际上仅中、美、俄等少数国家具有独立研制能力。作为导航卫星的"心脏"之一，高性能的星载原子钟对导航精度起到决定性作用。北斗三号导航卫星上装载有新一代高精度铷原子钟，比前代产品体积更小、重量更轻，技术性能大幅提升。相比北斗一期、二期工程中单纯采用铷原子钟，星载氢原子钟在重要技术指标，如频率稳定度、频率准确度及日漂移率等方面具有明显优势。星载氢原子钟的应用可使北斗导航系统实现更高的定位精度、全球覆盖及较长的自主导航能力，显著降低北斗导航系统全球应用时的校时压力。我国的星载氢原子钟研发攻克了包括指标优化，整机小型化、轻量化技术研究，可靠性与长寿命技术研究等关键技术难题，在技术性能及可靠性上均达到国际同类产品水平，为北斗三号组网卫星的高性能、长寿命要求提供了有力保障。

（二）以数字城市牵引北斗导航基础设施建设

2017 年 2 月 24 日，陕西省测绘地理信息工作会议在省测绘地理信息局召开，会议对 2017 年全省测绘地理信息重点工作任务进行了部署，重点提出完成全省数字城市地理空间框架建设，建成北斗卫星导航定位基准站系统的任务要求。会议部署的 2017 年全省测绘地理信息重点工作任务中包括有：实施省级 1∶1 万基础地理信息更新，建成北斗卫星导航定位基准站系统。持续深化地理信息共建共享，加快融入政府数据共享开放体制机制。配合省发改委等部门落实《省级空间规划试点方案》，服务规划编制、推广"多规合一"

试点经验。推进移民搬迁"一张图"系统建设。完善"天地图·陕西"系统架构。着力提升应急测绘保障能力，成立省应急测绘总队，抓好省应急三维地理信息指挥系统建设。完成全省数字城市地理空间框架建设，深化数字城市应用和智慧城市建设。①

（三）积极推进北斗产业国际化发展

当前，中国正处于从航天大国向航天强国迈进的战略机遇期，北斗卫星导航系统正处于全球组网阶段，区域服务率先开展，其国际化工作已经取得了显著进展。陕西省作为我国军工大省，积淀了大量的卫星应用资源，在北斗产业化、国际化发展方面具备天然优势，现已走在国内前列。2017年9月26日至27日，由中国国防工业企业协会、欧亚经济论坛组委会、西安市人民政府联合举办的"2017北斗产业国际化发展论坛"在西安成功举行。该论坛旨在为进一步发挥现有卫星资源效益，推动北斗产"走出去"，提升空间信息技术应用的产业化、市场化和国际化水平。论坛现场邀请到相关院士、专家、政府、军队相关部门和领导，各军工集团及北斗产业相关企业代表等共500余人参加会议，共同探讨北斗应用产业的发展趋势、市场机遇和国际化战略等问题②。北斗卫星导航系统有望在2018年服务于"一带一路"沿线国家和地区。从服务领域来看，北斗系统作为国家重要的空间基础设施，可有力地促进地区安全、经济发展和民生改善，符合"一带一路"沿线国家的共同利益，能够惠及基础设施互联互通、经贸、产业投资等合作方向。

（四）军民科技成果双向转移转化进展显著

西安航天基地作为我国航天动力之城和北斗创新发源地，也是全国首批军民融合新型工业化示范基地，在航天领域军民融合发展方面具有明显的产业积淀和发展优势。2017年，航天基地大力实施军民融合创新工程，航天领域诞生出的各种"高大上"的硬科技产品正在越来越多地转化应用在民品领域。2017年9月，央视《经济半小时》聚焦报道北斗卫星实时定位秦岭山脉里"驴友"的位置信息，这款产品是西安航天恒星科技实业公司军转民的又

---

① 《2017年陕西将建成北斗卫星导航定位基准站系统》，滚动新闻，http://news.hsw.cn/system/2017/0225/670961.shtml。

② 《2017北斗产业国际化发展论坛在西安成功举办》，政企资讯华商网，2017-09-27。

一重大成果。12 月 28 日，全国智慧健康养老产业发展大会在北京召开，西安航天恒星科技实业公司获得智慧健康养老应用试点示范企业荣誉称号。西安"北斗＋"众创空间是西北地区首个"北斗＋"众创空间，依托雄厚的航天产业及高校人才基础，通过聚集政府政策优势以及北斗开放实验室平台资源优势，围绕北斗产业方向，打造集人才培养、应用开发、成果转化、孵化培育等于一体的专业化协同创新平台。2017 年 3 月 16 日，"北斗＋"众创空间正式面向陕西省内高校发布了首批北斗微小课题，开展北斗资源赠送活动，为高校学子提供一次参与北斗科技的研发机会。西安航天基地分别与空军工程大学、西北工业大学、陕西科技大学、西安科技大学、西安理工大学和西安邮电大学等高校共同签署了《共建卫星导航创新创业平台和推动人才培养协议书》①。

二、四川

（一）规划建设全国地理信息产业新的增长极

2017 年 3 月 2 日，《四川省"十三五"地理信息产业发展规划》（以下简称《规划》）正式发布，提出到 2020 年全省地理信息产业将基本形成产业链完整、集群化发展趋势明显、公共服务体系完善、科技创新能力较强的发展格局，建成全国地理空间大数据应用和产业化高地。《规划》聚焦四川地理信息产业现阶段比较薄弱的环节，以"填空白、补短板、强关联"为主线，提出了"六大重点领域，六大主要任务"的主体框架，优化提升产业发展环境，整合资源，快速突破。《规划》明确了地理空间大数据应用与服务、卫星导航与定位服务、测绘遥感数据服务、地理信息软件研发、测绘地理信息装备制造、地图出版与服务等地理信息产业发展的重点领域；提出了加速地理空间大数据产业化、加快西部地理信息科技产业园区建设、实施重大示范工程以及推进军民融合发展，促进地理信息产业的有序转移与承接等主要任务②。

（二）"真三维"智慧云平台军民融合重大创新工程落地

2018 年 1 月 29 日，四川发展、四川军民融合基金与振芯科技、新橙北斗

---

① 方远、王行丽：《西安航天基地培育硬科技升级大西安硬实力》，《西安日报》2017 年 11 月 7 日。
② 《四川省"十三五"地理信息产业发展规划》，《四川日报》2017 年 3 月 2 日。

（振芯科技子公司）在成都举行了"真三维空间地理信息智慧云平台"项目投资签约仪式。该项目被列为四川省首个军民融合重大创新工程，是以真三维测绘和建模、北斗卫星导航、卫星通信、云计算、大数据技术为基础，以互联网、移动互联网、物联网为纽带，整合行业资源，为用户提供一站式卫星应用的服务平台。四川发展及四川军民融合基金以增资扩股的形式，向新橙北斗投资现金 1.24 亿元，用于该云平台的相关建设和应用。增资扩股后，四川军民融合基金占新橙北斗总注册资本 29.44%；四川发展占 8.83%，而振芯科技的持股比例则稀释至 61.73%。未来随着真三维项目建设的实施与业务的拓展，四川发展与四川军民融合基金还将适时联合市场投资机构对新橙北斗进行新一轮投资，预计投资额不低于 9 亿元。[①]

（三）绵阳市国家北斗卫星导航产业区域综合示范项目建设完成

2017 年 9 月，受国家发改委委托，四川省发展改革委对绵阳市北斗卫星导航产业区域综合示范项目组织了竣工验收。绵阳市成为 10 个国家北斗卫星导航产业应用示范城市中率先完成建设并顺利通过验收的城市。2014 年，绵阳市列入国家北斗卫星导航产业应用示范全国十大城市之一，由九洲电器集团和九洲北斗导航与位置服务有限公司牵头，联合相关示范单位共同完成绵阳市北斗卫星导航产业区域综合示范项目。项目完成总投资 1.89 亿元，国家补助资金 4200 万元，通过建立四川导航与位置服务总平台，支撑北斗应用系统和终端产品在绵阳市智慧旅游、智能交通领域开展应用示范和推广应用，共部署北斗终端 9.65 万台（套）。

三、重庆

（一）北斗（重庆）开放实验室正式成立

2018 年 1 月，北斗物联万物互联——北斗物联全球发布会暨 2018 物联网发展大会在重庆市沙坪坝区举行，北斗（重庆）开放实验室正式纳入北斗开放实验室分实验室序列。北斗（重庆）开放实验室将北斗通导一体化技术与

---

① 《四川首个军民融合重大创新工程落地 "真三维"智慧云平台拟打造标杆》，《每日经济新闻》2018 年 1 月 30 日。

北斗地网系统相融合，提升北斗系统的定位精度；利用北斗地网无线智能组网的特性，为智慧城市建设提供数据和网络支撑。北斗（重庆）开放实验室由北斗（重庆）科技集团有限公司、北斗民用战略新兴产业研究院、重庆大学北斗学院共同承建。北斗开放实验室落地重庆，将通过政产学研用科技平台及各方资源的有机结合，为重庆北斗产业结构调整、行业布局优化和战略新兴产业发展起到积极推动和促进作用，不仅对重庆市战略新兴产业整体优化布局和产业结构升级有着重要意义，也对重庆市以及西南地区北斗应用行业的整体发展具有推动作用。在北斗物联网模块项目带动下，到 2020 年，重庆市物联网模块将实现生产 1 亿到 2 亿片，产值规模 50 亿—80 亿元，解决5000 到 10000 人就业。

（二）北斗民用战略新兴产业研究院民用技术产业化成果丰硕

北斗民用战略新兴产业研究院主要研究"北斗＋"新兴业态的服务模式，致力推进军转民技术产业化的开发、推广及应用，并实现向产业项目的转化，2016 年成立以来先后取得了"北斗七星"系列电子产品、北斗地网、北斗学院等北斗军工技术产业化成果。2017 年 6 月，北斗地网系统将率先在沙坪坝区开始试点工作，通过一个网点，可以同时让一千个智能终端和电脑高速上网，在试点区域，每 500 米就将规划安装一个北斗地网系统。从 2018 年开始，北斗地网将逐步覆盖重庆市主城 9 区，最终市民能够过上随时随地享受免费高速上网服务的生活，还将走出重庆，使军民融合的硕果在青海、甘肃、云南、贵州等省市落地生根。2017 年 9 月，北斗民用战略新兴产业研究院与重大联合开办的北斗学院，正式面向全国招生，包括卫星导航应用、智能装备、新一代电子技术通讯等在内的新兴学科将为全国培养出更多的高科技专业人才。2017 年 10 月，包括北斗手机、北斗手表、北斗手环、北斗导航仪、北斗定位仪等在内的 10 多款"北斗七星"系列电子消费产品投放市场。基于北斗通信技术的北斗手机和"北斗盒子"，能实现包括珠峰在内的全球任意地点间的短报文通信[①]。

---

① 《重庆北斗民用产业园投产 50 多种产品将面世》，重庆频道－人民网，http://cq.people.com.cn/n2/2017/0304/c365402－29801980.html。

第十七章　华中地区

华中地区北斗导航产业发展以湖北、河南、湖南等省为代表，在地理信息和测绘科学领域拥有坚实的科研和人才基础优势，尤其是武汉大学、解放军信息工程大学、国防科技大学等军地高校，在卫星定位导航与测绘应用领域的研发力量和人才团队处于全国领先地位。

第一节　整体发展态势

近年来，华中地区逐步形成了以北斗高新技术人才培养、高精度北斗导航软件研制、高精度地理信息采集和智慧城市为主的北斗导航产业发展格局，积极向产业链上游的高端芯片拓展。目前华中地区拥有多个国家级公共服务平台，国家级认证中心和国家级工程技术中心，是我国发展北斗卫星导航的重要地区之一。2017 年，华中地区卫星导航产业的产值达 240 亿元，同比增长约 21%，全国占比约为 9.5%。

第二节　重点省份

一、湖北

（一）部署加快推进北斗导航应用示范项目建设的协调机制

2017 年，湖北省政府办公厅发布《关于加快推进北斗导航应用示范项目的通知》（鄂政办电〔2017〕166 号）。根据文件精神，湖北省测绘地理信息局组织召开了省北斗导航应用示范项目第一次联席会议。省农业厅、省商务厅、省交通运输厅、省国土资源厅、省环境保护厅、省财政厅、省经济和信息化委员会等联席会议成员单位联络人，研究讨论了《湖北省北斗导航应用示范项目联席会议制度》文件的制订，并就示范项目推进过程中若干重大问题及下一步工作提出了意见和建议。会议明确省财政厅要根据各行业领域应用示范项目实施方案和实际情况，指导实施单位分项目编制 2018 年度部门预算，按财政相关政策规定和预算管理程序，及时办理预算追加，并加强项目资金使用的跟踪监督。

（二）部分应用示范项目产生良好效果

湖北省于 2015 年启动北斗卫星导航应用示范项目，计划在长江航道、现代农业、城市配送、农村客运、民生关爱 5 个领域建设 7 个信息服务系统，安装 42 万套北斗终端，总投资 2.46 亿元。现代农业方面，湖北省正在推广北斗农机米级定位终端，计划安装终端 1.2 万套。2017 年，湖北省首次将农用北斗终端纳入购机补贴范围，按导航精度、是否带自动驾驶系统等配置，补贴分为 4 档，最高补贴 3 万元。公共管理方面，荆门市 2017 年启动公务车辆北斗定位监管系统建设，对公务车辆安装北斗定位终端。中地数码集团入驻洪山区公安分局科技信息化联创中心，一线民警将直接参与公安云 GIS 平台的前期设计、实战化应用测试、产品后期优化等工作。2017 年，武汉依迅电子信息技术有限公司研发出针对渣土车的北斗智能终端，在车辆上装载密闭监测、载重、超速等多个传感器。传感器与大数据系统实时联动，系统会自动对违规渣土车进行提醒拦截。[1]

（三）资本市场取得丰硕成果

3 年以来，湖北连续研发了两代领先全国的北斗导航定位芯片，占据了产业链上游。2017 年 5 月，武汉梦芯科技有限公司发布新一代北斗导航定位芯片，中移物联、湖北移动随即与梦芯公司签署合作协议，计划全年采购不少于 100 万台搭载该芯片的通信一体化模块[2]。2017 年 4 月，武汉六点整北斗科

---

[1] 《湖北北斗产业观察：应用示范牵引带动，政府市场合力推动》，《湖北日报》2017 年 7 月 27 日。
[2] 《GPS 占九成市场，北斗如何突围》，《湖北日报》2017 年 7 月 21 日。

技有限公司获得 10 亿元股权投资，用于高精度警保联动智能系统及应用的产业化建设与推广。

二、河南

（一）全省现代化测绘基准体系建设进程加快

根据 2016 年 12 月河南省国土资源厅发布的《河南省卫星导航定位基准站建设总体规划（2016—2020 年）》，加快北斗地基增强系统 CORS 站网建设进度。2017 年各省辖市在每个所辖县（市、区）、各直管县（市）新建或整合 1 至 2 个基准站，且均需符合标准，从而推进全省现代化测绘基准体系建设，提升对公共服务所需地理信息的获取能力，为新一代信息网络、物流交通、能源开发等重大公共设施和基础设施工程提供服务[①]。

（二）重点培育测绘地理新型业态

2017 年河南省重点培育测绘地理新型业态，提高地理信息产业核心竞争力，加快产业集聚，探索实施 PPP 等多元化投资模式，重点推进省地理信息导航产业园、省北斗产业园、省测绘创新基地建设，组建测绘地理信息（北斗）产业联盟。各省辖市全面完成数字城市建设任务并通过验收，"智慧郑州""智慧平顶山"时空信息云平台建设进度加快，逐步开展智慧交通、智慧环保、智慧农业、智慧医疗等系列北斗导航应用。2017 年，河南省强化创新平台建设，积极提升时空地理信息院士工作站、矿山空间信息技术国家测绘地理信息局重点实验室、北斗导航与位置服务河南省工程实验室等平台的创新能力，成立省测绘地理信息科技专家委员会，申请设立省遥感工程技术研究中心。[②]

三、湖南

（一）全面部署加速卫星应用产业发展

2017 年 3 月，湖南发布促进卫星应用产业发展行动计划，将加快建设和

---

① 《今年河南省每个县要建成 1 至 2 个北斗导航基准站》，国内新闻，http://china. huanqiu. com/hot/2017 – 02/10192467. html。

② 《今年河南省每个县要建成 1 至 2 个北斗导航基准站》，国内新闻，http://china. huanqiu. com/hot/2017 – 02/10192467. html。

完善基于北斗系统的卫星地面增强网，使省内卫星定位精度由 10 米级精确到厘米级。根据行动计划，湖南省加速以卫星导航、卫星遥感、卫星通信广播应用为核心的卫星应用产业发展，建立卫星地面设备与用户终端制造、卫星应用系统集成及信息综合服务产业链，培育和壮大卫星应用产业规模。依托国家高分系统湖南数据与应用中心、地理信息产业园、中电软件园、岳阳军民结合卫星应用产业园等基础平台，在北斗卫星导航芯片、导航终端、导航应用示范、地理测绘、农村土地确权等卫星应用产业领域深度拓展。预计到 2020 年，全省培育 100 家以上的卫星应用规模企业，卫星应用产品和服务的主营业务收入突破 200 亿元；形成 50 个卫星导航典型应用解决方案和 50 个卫星遥感典型应用解决方案。①

（二） 强化导航信息和北斗产业安全

"导航信息安全"如同网络的"防火墙"，如果没有这层安全防护，所有导航终端、授时终端如同电脑没有安装"杀毒软件"或"防火墙"一般处于"裸奔"状态，容易"中毒"，会导致交通系统混乱、电力瘫痪等后果。2016年 4 月，在谭述森院士的支持下，在长沙成立了北斗开放实验室首个院士工作站，并由市政府主导成立了长沙北斗产业安全技术研究院，作为北斗领域首个导航信息安全军民融合产业协同创新平台，突出"导航信息安全"和"北斗产业安全"特色。2016 年底北斗开放实验室长沙分实验室构建了卫星导航终端设备欺骗环境，吸引了来自全国各地的 150 余家企业、科研院所、高校近 600 人参与北斗欺骗测试，有近 20 家厂商携导航终端、授时终端及无人机产品参与此次欺骗试验活动。2017 年 2 月，北斗导航信息安全与对抗技术湖南省国防科技重点实验室被正式授牌，主要从事北斗卫星导航欺骗干扰技术及装备、北斗卫星导航反欺骗技术及装备、导航仿真测试评估技术及系统、新型导航等研究，带动和辐射湖南地区北斗信息安全相关产业发展，促进中国卫星导航信息安全技术进步②。

---

① 《湖南发布促进卫星应用产业发展行动计划》，湖南日报网，http://hnrb. voc. com. cn/article/201703/20170321074847809 4001. html。

② 《湖南新增导航安全国防科技重点实验室》，高新麓谷 2017 年 2 月 18 日讯（袁路华通讯员夏娟娟）。

企业篇

第十八章　华测导航

上海华测导航技术股份有限公司（以下简称"华测导航"）作为一家专业从事高精度卫星导航定位相关软硬件技术产品的研发、生产和销售的高新技术企业，一直以"振兴中华，测绘天下"为己任，致力于北斗高精度产品在各行各业的应用，为行业客户提供数据应用及系统解决方案，是国内高精度卫星导航定位产业的领先企业之一，已于 2017 年在深交所上市（股票代码：300627）。本章重点对华测导航 2017 年设备研制情况和行业应用发展情况进行梳理总结，并简要分析经营战略。

第一节　企业简介

华测导航是国内从事北斗卫星导航设备科研、生产的大型骨干企业，主要为客户提供高精度 GNSS 接收机、GIS 数据采集器、无人机航测产品、三维激光产品、海洋测绘产品等数据采集设备及位移监测系统、农机自动导航系统、智慧施工系统等数据应用及系统解决方案。华测导航目前已经形成了测绘产品线、GIS 产品线、海洋测绘产品线、移动测绘产品线、无人机产品线、监测集成产品线、精准农业产品线、机械控制产品线、导航应用产品线、北斗装备产品线等十个产品线，重点面向地理信息产业、精准农业产业、数字施工产业、商业导航产业和军事导航产业等五大类产业。

华测导航依托自身技术实力及发展规模，先后获得了上海市高新技术企业、国家火炬计划重点高新技术企业、上海市企业技术中心、上海市小巨人企业、中国地理信息产业百强企业、全国质量诚信承诺优秀企业、信息系统集成及服务二级资质等多个资质，建有上海市院士专家工作站。华测导航注重军民融合，已经是国家二级保密单位和装备承制资格单位，通过了武器装备质量管理体系认证，并拥有武器科研生产许可资质和北斗导航军/民用服务资质。华测导航还是中国卫星导航定位协会、上海市测绘地理信息学会、上海市测绘地理信息产业协会、上海卫星导航定位产业技术创新战略联盟等机构的理事单位。

第二节　主营业务

2017年，华测导航持续在北斗高精度导航定位设备研制和行业应用两大领域发力，加速产品与系统应用市场拓展。

一、设备研制业务

华测导航专注于北斗高精度卫星导航定位产业，已形成了"数据采集设备＋数据应用及系统解决方案"并重的业务模式。

（一）数据采集设备

数据采集设备可以应用于大地测量、工程测量、地籍测量、国土调查、电力巡检等各个领域，帮助客户完成全方位的高精度数据采集任务。数据采集设备业务类产品介绍如下：

（1）高精度 GNSS 接收机是公司核心产品，该产品兼容北斗、GPS、GLONASS 和 Galileo 等多系统卫星信号，采用差分定位技术，可提供亚米级至毫米级的定位服务，产品已广泛应用于大地测量、工程测量等测量、测绘活动中。

（2）GIS 数据采集器主要应用于地理信息系统建设、调查、监管、执法、巡检、移动办公等场景。公司专业级的北斗三防平板产品，定位精度高、续航时间长，高效的内外业软件，支持智能成图、全自动影像识别、重点图斑标记等功能，全面助力第三次全国土地调查工作。

（3）无人机航测系统产品专注于遥感航测行业，将专业固定翼、旋翼、复合翼无人机结合飞控系统、定位模块、测量影像系统、机载雷达、航测处理软件等实现集成应用，应用于国土规划、水利、水资源监测、地理国情普查、电力普查、航拍测绘等众多领域。

（4）高精度多平台激光雷达搭配点云立体测图软件，可使客户地籍测图项目作业实现满足精度要求并提升工作效率7—10倍，并基于其多平台的特性，具有机载、车载、船载、背包等工作模式，灵活切换，适用于不同地形环境，能够应用在地形测量、公路改扩建、电力巡线、土方量算等多个应用领域。

（5）海洋测绘产品以无人测量船为载体，集成搭载单波束测深仪、多波束测深仪、ADCP流速流量仪等产品，应用于海洋勘测、水下地形测量、海洋定位等活动。

（二）数据应用及系统解决方案

数据应用及系统解决方案基于华测导航在高精度卫星导航定位领域积累的技术成果，结合相关数据采集设备，在各细分应用领域为客户提供定制化的应用系统集成及解决方案。华测导航核心数据应用及系统解决方案如下：

（1）位移监测系统主要应用于地质灾害多发区（如滑坡区、沉降区、露天矿、尾矿）、特殊建筑物（如大坝、高层建筑、桥梁等）形变安全监测及预警等方面。

（2）精准农业系统，该系统可以使拖拉机设备遵循规划好的路径由系统自行控制方向进行田间作业，帮助农机操作者提高标准化作业水平，主要包括农机导航自动驾驶、卫星平地、作业质量监控、农机生产管理平台等产品。

（3）智慧施工系统主要基于北斗卫星导航系统的高精度定位通信技术，融合了地理信息、互联网、大数据、通信、传感等新兴技术，采用智慧施工管理方案，升级作业模式和管理模式，让智慧施工管理实现数字化、信息化、智能化，应用于机场、铁路、公路、试车场、水利工程等大型基础设施工程建设中。

二、行业应用业务

华测导航在2017年在北斗高精度导航定位行业应用的多个领域发力，形成了测绘地理信息等传统应用保持优势，移动测绘、无人机等新兴应用实现突破，海外市场业绩过亿的局面。

（一）测绘地理信息应用

华测导航主要基于行业需求的提升和技术的革新，以及自建的全国北斗基准站网，使得高精度 GNSS 接收机在测绘行业中的应用渗透率不断提升。另外，由于国家基础设施建设持续投入，带来相关行业对高精度 GNSS 接收机的需求快速增加。

（二）位移监测应用

国家对地质灾害多发区的防灾系统的投入持续增加，华测导航凭借此前数年在位移监测领域的技术积累、市场耕耘和品牌培育，特别是鉴于产品高可靠性的口碑，在 2017 年位移监测应用及系统解决方案业务实现了快速增长，覆盖了地质灾害监测、露天矿监测、尾矿库监测、采空区沉降监测、水利水电监测、桥梁监测等多个方向，已积累包括上海东海大桥监测、舟曲泥石流监测、港珠澳大桥监测等监测行业应用案例逾 500 项。

（三）智慧施工应用

随着相关单位对基础设施工程建设项目实施效率、工程质量、施工安全等方面要求的不断提升，华测导航自主开发了可覆盖施工全流程的智慧施工产品，形成北斗桩机智能控制系统、北斗挖掘机智能控制系统、北斗推土机智能控制系统、北斗平地机智能控制系统，北斗压实机智能控制系统和北斗摊铺机智能控制系统等六套基于北斗的高精度智能控制系统，并成功应用在了南水北调、南沙岛礁建设、多个机场、多个试车场、多条高速公路和高速铁路等工程中。

（四）移动测绘应用

华测导航目前已自主开发出多款激光雷达系统，并可以在机载、车载、船载、背包等多个平台上使用，应用覆盖了地籍测量、道路改扩建、公路勘测、地形测量、土方测量、电力巡检、街道立面改造等多个方向，已成功用于四川省广安市地籍测量、中巴经济走廊公路勘测、西藏地形测绘、四川电力线危险预警等几十个项目中。

（五）无人机应用

华测导航目前已自主开发出包括固定翼、旋翼、复合翼飞机在内的十余款无人机，搭载激光雷达、相机等模块，能够实现地图测绘、地质勘测、灾害监测、气象探测、空中交通管制无人机、边境控制、通信中继、农药喷洒等多个方向。

（六）海外应用

华测导航自 2006 年即开始经营海外市场，目前已在海外建立了 9 家分公司，在 100 多个国家建立了代理商，特别是在"一带一路"地区应用广泛，在缅甸、泰国、柬埔寨、俄罗斯等国建立了北斗基准站网，在美国、孟加拉、巴布亚新几内亚、塞内加尔等国均开展了规模化北斗终端推广。2017 年，华测导航海外市场销售收入超过 1 亿元。

（七）军民融合应用

华测导航紧跟国家政策，针对军方需求，开发出了军用高精度定位产品、高精度测向测姿产品、高动态抗干扰产品等十几款军用产品，应用在军事高精度测量、飞机测控、军用武器、车辆、舰船和航母等高精度定位、军用北斗地基增强系统建设、雷达测向、舰载机、长航时无人机航向确定与修正、无人机/有人机起降、精密精近系统、防空武器及发射器姿态测量、机载、弹载抗干扰等军事领域，已为中航某所、某集团、陆军某部、炮某所等批量提供了高精度、高可靠性产品。

第三节　经营战略

华测导航将继续立足已有的优势业务，进一步加强高精度主板/芯片的研发能力，积极拓展卫星导航定位相关产品在各行业中的应用，持续挖掘公司产品应用的新领域、新需求，加强卫星导航定位技术与惯性导航、摄影测量、精密机械控制等技术手段的融合应用，并提供更好的产品及解决方案，力争成为全球高精度卫星定位产业的领跑者。

华测导航将夯实当前核心业务，主要包括高精度卫星导航产品（包括高精度 GNSS 接收机和 GIS 数据采集设备）、位移监测（包括高精度地灾安全监测系统、高精度桥梁监测系统和高精度大坝监测系统等）、精准农业北斗辅助系统（包括基于北斗的农机自动驾驶系统、农田平整系统和农机导航系统，以及与之配套的液压控制软件、作业管理软件和配套传感器等）。未来三年华测导航将继续将此三类产品作为核心业务，在不断扩大国内市场占有率的同时，积极拓展海外市场。

华测导航将加速拓展新技术应用，主要包括遥感测量系列产品（包括无人机低空摄影测量以及与之配套的飞行控制系统，三维激光扫描系统，倾斜摄影系统以及以上三种系统的配套数据处理软件等）、机械自动控制（如智慧施工）、地理信息上下游产业，这些业务将在未来三年成为华测导航重要的业务增长点。华测导航将其作为重点支持和投入对象，以促使其在短时间内快速成长。

华测导航将探求未来机会，投入部分研发资金探索新技术、新领域的跨界融合应用，如无人驾驶、人工智能等新领域中与空间位置信息相关技术的前期预研和技术储备，探索和寻求未来在这些新领域中的成长机会。

华测导航将持续进行营销网络体系建设，深耕高精度卫星导航技术在新兴领域的市场应用；大力拓展国际市场，扩建国际市场和产品服务网络，扩大产品的海外知名度；积极响应"军民融合"政策，加大军工市场拓展力度。

华测导航将充分运用资本市场广阔发展平台，根据业务发展规划，在合理控制经营风险和财务风险的前提下，加强与金融机构的合作，在适当时机采用直接或间接融资的手段筹集资金，配合公司业务和项目建设的发展。通过投资并购，加强公司现有各细分应用领域的相关技术力量，拓宽公司在地理信息、机械自动控制、专业导航等产业领域的更多应用，形成技术与市场的互补，增强公司盈利能力，同时，投资与高精度位置技术相关新技术及新兴行业，为公司未来长期发展布局，实现资产增值及投资收益。

第十九章　北斗国科

北斗国科（北京）科技有限公司是在我国自主北斗卫星导航系统高速发展的契机下，为推进北斗产业化发展而成立的高新技术企业。公司研发自主知识产权的芯片、模块、算法、终端、应用软件与系统集成产品，围绕车联网、物联网与船联网应用，融合高精度技术，在交通运输、智慧农业与新能源汽车等业务领域拓展市场，发展成为国内领先的基于位置服务的软硬件产品、行业解决方案与运营服务提供商。

第一节　企业简介

北斗国科成立于 2013 年，公司总部位于北京，先后在宜昌、深圳、武汉、柳州等地建立了 4 家专业子公司。

北斗国科宜昌公司在湖北省各级主管部门支持下，已在宜昌秭归建立智慧城市北斗定位典型应用示范县，包括智慧公共安全（三峡库区地灾监测）、智慧校园（校园一卡通）、智慧交通（公共车辆管理）、智慧物流（翻坝物流园）等行业应用。2014 年，北斗国科（秭归）产业园被列为湖北省重点工程和省级军民集合示范基地创建范畴。2015 年底湖北省政府发布的《中国制造2025 湖北行动纲要》明确北斗产业任务中，北斗国科有 3 项入选，包括"北斗国科宜昌北斗产业园项目""北斗国科车联网项目""北斗国科全球信号射频基带一体化 SOC 芯片研制及应用终端项目"。2017 年 1 月，北斗导航民用分理级试验服务资质通过中国卫星导航定位应用管理中心评审与批复，具备北斗运营服务商用许可（包括 RDSS、RNSS 业务）。

北斗国科武汉公司由高精度应用事业部、军工装备事业部、智能装备事业部、物联网事业部、行业应用事业部、智能网联事业部等业务部门构成。

2017 年 9 月，北斗国科武汉公司被评为"湖北省北斗十强"企业。

北斗国科研究院设立在武汉，承担基础技术与软硬件产品研发工作。2015 年 2 月，在总装备部航天装备总体研究发展中心组织的中国第二代卫星导航系统重大专项应用推广与产业化基础类"民用 RNSS 射频基带一体化集成芯片（全球信号）"招标项目中，北斗国科芯片成功中标。2015 年 3 月，北斗国科高性能、低成本 GNSS 卫星导航接收模块 GK926 正式发布。2017 年 4 月，高精度定位产品"监测型 GNSS 接收机"通过了由湖北省质量技术监督局颁发的国家"计量器具型式批准证书"。静态平面测量精度 2.5mm、高程精度为 5mm。

北斗国科深圳公司主营物联网产品集成制造与提供行业解决方案，成功应用于智能家居系统，共享单车、物流车辆定位，宠物、畜牧、箱包追踪定位，车位定位监管以及智慧城市建设等。

北斗国科柳州公司在柳州市鱼峰区政府大力支持下，在洛维工业集中区成立，是园区重点招商扶持项目。柳州公司结合柳州区域汽车与工程机械研发、制造基础优势，通过与各领域行业用户的广泛合作，开展基于北斗位置综合服务、系统集成与应用推广。目前已落地项目包括与广西路桥集团合作的柳南高速数字化施工项目、广西柳钢物流北斗车辆与船舶监控项目等。

第二节　主营业务

北斗国科面向北斗应用市场，针对具体行业开发软硬件产品，提供行业解决方案。通过前期软硬件优化、检测与认证测试，具备产业化推广条件。研发出具有自主知识产权的卫星定位导航算法和芯片集成设计技术。特别是掌握实时厘米级、事后毫米级高精度定位算法、数据及分析技术，能够根据用户需求，提供系统集成产品、相关解决方案及基于位置的综合运营服务。北斗国科经过三年多的研发，在智能网联汽车领域储备了大量的技术积累，形成了 MDVR、汽车行驶记录仪、智能云镜、胎压监测、ADAS（汽车驾驶辅助系统）终端、OBD（车载自动诊断系统）产品、国科宝盒等系列产品的专利和软件著作权。

一、设备研制业务

（一）北斗芯片与模组产品

北斗国科已研发出卫星导航芯片 GK‒926、导航模组 RN168、R368（亚米级），未来将在不断追求小型化、低功耗、高灵敏度、单芯片化、多模化及多技术融合集成化方向发展。

（二）北斗车联网终端产品

包括汽车行驶记录仪、车载视频行驶记录仪、微型行车记录仪、OBD 汽车智能诊断仪、车载硬盘录像机、汽车黑匣子（北斗宝盒）等。

（三）北斗高精度软硬件产品

硬件产品包括 GNSS 多模卫星导航接收模块、GNSS 多模卫星导航接收模块、监测型 GNSS 接收机、亚米级 GNSS 接收机、地基增强基准站接收机、手持型 GNSS 采集器、扼流圈天线、测量型天线及四臂螺旋天线等。软件产品主要为高精度位置服务平台，含变形监测系统服务软件、变形监测系统服务平台与地基增强系统服务软件等。

（四）北斗物联网终端

硬件产品包括北斗物联网模组（NB‒IoT＋北斗/GPS 为主）、智慧城市应用相关产品（共享单车、共享汽车、共享车位等等以及配套电子围栏设备）、可穿戴设备（重点智能手环）等。

（五）北斗运营服务平台

北斗运营服务平台集北斗通信与定位、互联网和移动通信三网合一，融合北斗定位终端产品，可为在网用户提供远程定位、导航、短报文互通及各种特殊应用的增值信息服务功能，可为集团用户定制开发个性化应用解决方案。

二、行业应用业务

行业应用解决方案包括车联网、物联网、船联网、北斗高精度监测、数字化施工、北斗新能源汽车应用与智慧农业等。

（一）高精度变形监测

北斗国科凭借自研 GNSS 接收机低成本、高性能等优势，保障了 CORS 网建设的高精度、高效率、低成本，实现差分信号有效覆盖区域内的厘米级、毫米级定位。满足行业用户和大众用户对不同层次空间信息技术高精度服务的需要。

北斗国科高精度变形监测系统解决了传统人工监测方式存在"效率低、实时性差、成本高、无法统一监管"等问题，采用拥有自主知识产权的 GNSS 监测接收机和变形监测数据处理软件 GK – Monitor，无缝集成测斜仪、裂缝计、渗压计、静力水准仪和环境监测等多种传感器，实时监测形变体及周围环境的各类变化情况，分析被监测结构体的变形趋势，做出准确预警和及时防护，为人们的生命、财产安全保驾护航。北斗国科通过自主研发的高精度接收机终端和形变监测数据处理分析软件，在三峡库区 800 个监测点，陆续普及安装北斗国科地质灾害安全在线监测系统。改变了以往传统短距、低精度、感应差、受环境影响大的监测模式，依托丰富的 GNSS 误差模型库，支持高精度长基线解算、多系统联合解算、GNSS 各种频率组合自动最优搜索解算，可以实时监测并反馈地质滑坡区域的变形情况，实现数据采集、传输、解算、存储，及时预警滑坡、泥石流、山体坍塌等自然灾害。

（二）车联网及智能充电

新能源汽车领域应用主要开展生态体系与大数据云平台系统建设，深度服务新能源汽车后市场。"车宜行"大数据云平台系统将智能停车服务、智能云充电服务、汽车销售服务营运相结合，是一套新能源汽车智慧生态系统。实时采集停车设施数据、充电设施数据、车辆全生命周期状态数据，利用深度数据挖掘技术对大数据进行分析，为政府掌握城市停车/充电设施运营情况和车辆情况提供数据依据。

北斗国科自主研发业内首款支持北斗地基增强系统的智能充电桩产品，结合智能充电桩的站址规划分布，在建设智能充电桩的同时，建设北斗地基增强参考站。系统建设利用已规划的充电桩站址，解决了单独布设地基增强系统的用地问题；避免了参考站浇筑观测墩的施工环节；减免了分开建设的供电、通信等繁杂的布设工作；节省了人力、物力资源，大大减少了单独建设的成本浪费，促进了充电桩和北斗地基增强系统的发展建设。充电桩建设完成后，在为用户提供便捷、安全充电体验的同时，系统同步播发北斗差分增强信号信息，可以为政府监管、物流管理、车辆调度提供实时高精度位置信息服务，适用于城市交通规划和管理、智能公交、车辆安全和辅助驾驶、智能出行等各个领域，推动智能交通的创新升级。

（三）智慧农业与质量安全溯源

北斗智慧农业通过物联网农业生态信息自动监测、设备控制、云计算等信息技术应用，为农业生态信息自动监测、设备控制和精准管理提供科学依据和有效手段。通过环境温湿度、光照、土壤温度、墒情等与农作物生长密切相关等参数实时采集，辅助云计算智能分析决策，构建农业领域面向土壤、农业气象、种子、植物生理、植物保护、粮油食品溯源等农业生态信息化体系。农作物质量安全全方位溯源系统针对农产品生产、加工、质检、流通、消费等各环节的质量安全数据进行全方位及时采集和上传，用户可以使用手机扫描产品包装上标识码，即可快速以图片、文字、实时视频等方式，查看农产品从田间生产、加工检测到包装物流的全程溯源档案信息，甚至包括渠道终端以及召回等信息。

（四）数字化施工控制系统

数字化施工是指依托建立数字化基础平台、地理信息系统、工地现场数据采集系统、工地现场机械控制系统等基础平台，整合工地信息资源，突破时间、空间的局限，建立一个具有开放信息环境的施工模式。北斗国科主要方向为挖掘机、推土机、压实机械、装载机、3D摊铺机等工程机械，以人工智能、施工引导、精密测量、数字化施工为技术主线，发展三个技术层次产品：信息化、智能化、智慧化系列产品，发展安全、智能、经济等为卖点的高科技创新工程机械产品。北斗国科柳州公司在2017年与广西路桥集团公司合作，在柳南高速改造项目中实施完成3D摊铺自动控制系统。经实际比对测试，摊铺平整度控制在5mm以内，并极大提高了道路施工效率，有效降低人工与燃油成本，节省施工材料，杜绝工程返工率。

第三节　经营战略

北斗国科借助"产学研用"合作模式，积极开展北斗关键技术研发、前沿问题和专利技术研究，不断提升核心竞争力。加大科研投入，在芯片研发、设备制造、软件和系统开发等环节掌握自主知识产权，并积极引进、消化和吸收国外先进技术。同时，把握行业趋势，大力结合移动互联网、物联网、云计算等新兴技术，推进定制化服务的发展和解决方案的提供，努力实现多种技术的融合。

北斗国科关注新信息技术时代的行业应用及大众消费需求，探索导航通信融合下的北斗卫星导航应用新模式，推动北斗芯片、模块、终端在行业领域和大众市场的广泛应用。突破高精度多模多频多核芯片、位置云等关键技术，建立公众出行信息服务平台、北斗位置信息服务平台，面向公众及企业用户提供出行导航、交通信息、应急救援、信息查询、娱乐等服务。

在深入行业及大众应用市场的基础上，逐步建立区域级北斗数据中心，以高精度定位技术、移动通信技术、卫星通信技术、大数据、云计算、传感技术、人工智能等新技术为牵引，深度挖掘位置数据产生的服务价值，建立位置信息、时空信息统一管理的物联网体系。

第二十章　全　图　通

全图通位置网络有限公司（以下简称"全图通"）以"开放、合作、共享、共赢"为理念，在国家"军民融合""一带一路"发展战略的指导下，瞄准国内和国际两个市场，以软件和算法为核心，深挖行业用户需求，通过优化算法，整合通信、遥感、导航领域的航天前沿技术，聚合芯片、模块、板卡、终端设备、平台系统的航天产业链，为用户提供以高精度时空为基准的天地一体综合信息服务。

第一节　企业简介

全图通位置网络有限公司于2016年4月成立于北京，注册资金2亿元人民币。全图通致力于整合航空航天领域人才、技术、基础设施资源，推动米级、亚米级的高精度的行业和大众应用，同时推广室内导航定位、导航信号反射波反演遥感等创新应用。在商业航天领域公司坚持以柔性化、芯片化、智能化的理念设计卫星，通过软件定义卫星的方式，实现卫星功能的扩展与升级，研制柔性化卫星；使用成熟芯片的方式，提高卫星的可靠性，降低卫星的研制成本；通过提高卫星在轨的自适应管理，减少人工管理的投入，降低卫星的在轨维护成本。在优化的设计理念下，以更小的卫星平台搭载更多任务载荷的方式，研制高功能密度、通导遥一体化的先进性能卫星。

第二节　主营业务

经过两年多的发展，公司行业知名度逐步提升，股东队伍进一步扩大，战略合作伙伴遍及全国，公司软硬实力大幅提升，发展方向清晰明确，确定了以下几项主营业务。

一、软件算法业务

针对当前导航定位高精度行业应用中重视硬件轻视软件与算法的情况，全图通联合中国科学院光电研究院成立卫星导航创新应用联合实验室，与中国软件评测中心联合建设的导航定位高精度软件与算法联合实验室，根据行业需求开展算法测试，并为用户提供算法优化服务。

（一）算法测试

目前全图通接受湘邮科技的委托，根据邮政系统使用的主要场景，对国内主流导航型芯片进行测试，提供测试报告，协助邮政导航产品进行配件选型并共同论证邮政行业的产品标准。同时，全图通接受北京化工大学的委托，根据石化行业安全生产应用的需求，对国际主流导航定位芯片进行测试，协助相关石化单位进行导航定位产品的配件选型工作。

（二）算法优化

全图通与深圳华大北斗科技有限公司合作，正在开展高精度导航定位系列芯片的算法优化工作，通过优化算法提升全球首颗支持北斗三号的全系统全频点单芯片的性能，从而开启全球免费大众亚米级服务的新时代。

二、行业应用业务

目前，全图通位置网络有限公司正在开展室内导航定位和 GNSS – R 等创新导航定位应用的推广工作。通过与中国科学院光电研究院成立"卫星导航创新应用联合实验室"，发挥各自优势，推动导航科研成果转化落地，促进通信、导航、遥感一体化卫星的创新应用。

（一）室内导航

全图通在前期石油化工行业测试的基础上，整合射频标签（RFID）、蓝牙（Bluetooth）和超宽带无线电（UltaWideBand）等室内定位技术，为石化行业用户在油田、炼油厂等辅助环境中，研制室内外一体化导航定位终端设备，提升石化生产的安全性。

（二）海洋信息测量

全图通在前期石油化工行业芯片测试的基础上，利用卫星导航反射波（GNSS－R）技术，在海上石油钻井平台开展测量海洋信息相关应用的实验，未来将在石化行业进行推广，提升海上石油生产的安全性。

（三）国际警用车联网

全图通于2017年1月11日在尼泊尔首都加德满都建成北斗卫星地基增强系统加德满都1号站。为加德满都警用车辆提供导航定位服务，提高警察的执法效率。

三、商业航天业务

在商业航天方面，全图通位置网络有限公司于2018年1月19日在酒泉卫星发射中心成功发射了"亦庄全图通—贺龙星"。该卫星是全图通位置网络有限公司面向通导遥一体化技术研制的首颗技术验证卫星，稳步推进全图通倡导的微小卫星的实用化进程。

（一）船舶自动识别系统

全图通利用AIS载荷，将开展在轨侦收和转发AIS系统信息的技术验证。船舶自动识别系统（AIS）配合卫星定位和位置报告，可以提供船舶的船位、船速、改变航向率及航向等动态信息，也可以提供船舶的船名、呼号、吃水及危险货物等船舶静态信息，使邻近船舶及岸台能及时掌握附近海面所有船舶的情况，迅速协调，采取必要的避让行动，减少海上安全事故的发生，对海上运输安全具有重要意义。

（二）通导一体化应用

全图通利用导航通信一体化载荷，将开展低轨卫星过境期间发播新体制导航增强信号的技术验证，利用S波段数据传输载荷，开展与地面设备的直播通信技术研制。未来将可以通过窄带通信，在海洋渔业、野外作业、户外旅游等地面通信困难的特殊场景中，为用户提供成本低廉、性价比高、可大规模应用的数据通信服务。

（三）卫星遥感

全图通利用先进小口径星载相机，在轨完成对指定区域的成像识别技术验证。未来将提供遥感、通信、导航定位的一体化服务，即通过遥感图像定位目标后，卫星自动进行姿态调整，确定目标的准确位置，进而进行定向通信和位置报告，这一功能在海上高价值运输货物监控、海上安全保障方面，具有重要意义。

（四）共享卫星微信小程序

目前，由全图通研制的"共享卫星"微信小程序已经上线，可供大众应用，通过竞价方式享受拍摄卫星遥感照片，通过提供丰富的卫星遥感素材，开展航天文创应用。

第三节　经营战略

全图通已经搭建起创新的、灵活的"小核心、大外围"组织架构，通过核心技术开发、工程总体实施、运营管理、资本运作，盘活大外围的资源，以"核心技术＋解决方案"的业务模式，快速切入交通运输、石油化工安全监管、邮政寄递、商业航天等行业，推动多行业运营、管理颠覆性提升。随着公司的快速发展，全图通力争在 5 年内成为百亿级企业。

政 策 篇

第二十一章 2017年中国北斗导航产业政策环境分析

我国自主建设的北斗卫星导航系统到2017年已经独立运行五周年，在这五年中，北斗导航产业着眼于国家安全和经济社会发展需要，系统能力不断增强，应用领域迅速壮大。作为我国重要的空间基础设施，国家在政策层面一直给予北斗导航高度重视，在十九大精神的指导和"十三五"承上启下重要转折的历史时期，机遇与挑战并存，"法制北斗"的推进步伐不断向前，有关部门针对北斗导航产业各个应用领域，例如交通、应急预防、旅游信息化、民航空管等不断出台发展规划及指导意见，在技术标准及产品规范方面，逐步完善并与国际融合接轨。

第一节 国家层面北斗导航产业政策环境分析

一、《中华人民共和国卫星导航条例》草案拟制完成

《中华人民共和国卫星导航条例》（以下简称《条例》）作为国家卫星导航领域的基本法规，被列入2016年国务院立法工作计划，在中央军委装备发展部带领下，条例的起草工作不断推进，2017年一年的拟制工作后最终形成条例草案，同年底卫星导航立法院士专家座谈会在京召开，指出《条例》草案内容充分体现出问题导向和军民融合的基本原则，符合我国国情和国际惯例，具有很强的现实需求和操作性，应抓紧启动征求意见阶段工作，为进一步完善提供条件。第一，卫星导航系统建设和应用是个复杂巨系统工程，需要产业链整体协调统筹，因此加强顶层设计，形成最大合力，

避免出现重复投入、资源浪费的现象，建立"法制北斗"的环境刻不容缓。第二，《条例》列入国务院立法工作计划，确立了北斗系统作为国家信息基础设施的法律地位，对于构建我国卫星导航的法规制度体系、法治实施体系、法治监督体系和法治保障体系有重要意义，条例的出台能够真正意义上保障国家卫星导航系统依法建设、依法管理、依法运行。第三，《条例》将填补我国在卫星导航领域无法可依的短板，统筹发展，通过法治手段强化顶层设计，保障北斗系统的基础建设开展及稳定运行，为客户提供连续可靠的服务，促进北斗系统的大面积应用。第四，万物有感、万物互联、万物智能是构建未来智能社会的发展方向，北斗导航系统作为我国重大的基础设施，为万物互通发展提供基础保障和系统支撑，《条例》的出台更是能从法律角度规范国家卫星导航领域相关活动和工作，北斗导航系统作为国家信息基础设施的法律地位得到肯定，有助于增强发挥北斗的产业生态效能。

二、北斗系统相关技术规范日臻完善

我国的北斗导航系统的产业链和相关的工业体系相对比于美国等发达国家相对薄弱，尤其是在应用、系统建设、运行的标准方面，产品的研制、测试、鉴定等实际需求方面十分迫切。第一，随着我国北斗卫星导航事业的发展，为了更好地服务于系统建设，有关部门加强了对北斗卫星导航技术国际和国内标准化工作的进度和力度。2017年底前，中国卫星导航系统管理办公室正式发布北斗卫星导航系统空间信号接口控制文件B1C（1.0版）与B2a（1.0版）的中英文版本；国家质检总局、国家标准委分别发布《卫星导航定位基准站网基本产品规范》《卫星导航定位基准站网服务规范》《卫星导航定位基准站网服务管理系统规范》三项卫星导航定位基准站网规范；中国卫星导航系统管理办公室批准《北斗地基增强系统基准站建设技术规范》等9项北斗专项标准。第二，北斗导航系统的飞速发展是我国科研人员不断进行开创性工作的成果体现，五年来，北斗二号性能稳步上升，系统连续稳定运行，定位精度由10米提升至6米。建设北斗地基增强系统，形成全国"一张网"，可提供实时厘米级高精度服务。建成全球连续监测评估系统，具备对北斗、

GPS、格洛纳斯、伽利略四大系统监测评估能力。第三，北斗三号组网拉开大幕，继续在自主创新的进程中实现突破。北斗三号继承北斗特色，对标世界一流，增加星间链路、全球搜索救援等新功能，播发性能更优的导航信号。已经发射5颗试验卫星，星载原子钟天稳定度达 E – 15 量级，定位精度 2.5 至 5 米，较北斗二号提升 1 至 2 倍。

三、北斗国际市场开拓和合作交流获新突破

2017 年 3 月，国际海事组织航行安全、通信及搜救分委会第四次会议通过了中国提交的有关船载多无线电导航系统性能标准的建议，并将北斗写入海事应用的定位、导航及授时 PNT 导则内，将为北斗海事及船舶应用、北斗走出去开拓新局面。5 月，第一届中阿北斗合作论坛召开，两国签署《第一届中阿北斗合作论坛声明》，对加强中国与阿拉伯地区卫星导航交流合作有着积极意义。10 月，中俄卫星导航重大战略合作项目委员会第四次会议召开，开通了监测评估服务平台。12 月，中美签署《北斗与 GPS 信号兼容与互操作联合声明》，将推动两大卫星导航系统的兼容与互操作。

四、交通运输全领域北斗应用政策密集出台

北斗服务是新常态下推动现代综合交通运输发展的迫切需求。"十二五"至"十三五"期，国家相继印发《国家卫星导航产业中长期发展规划》《"十三五"现代综合交通运输体系发展规划》《关于经济建设和国防建设融合发展的意见》等重要文件，从政策层面大力推动北斗系统应用，交通运输行业作为北斗系统应用的重要领域，受到了多部门的重视，因此对行业北斗系统应用工作提出了新的要求。2017 年，交通运输部、中央宣传部、中央网信办等发布《关于鼓励和规范互联网租赁自行车发展的指导意见》，交通运输部与中央军委装备发展部联合印发《北斗卫星导航系统交通运输行业应用专项规划（公开版）》，是"十三五"至"十四五"期推进北斗系统在行业应用的指导性文件，明确了今后一个阶段行业北斗系统应用工作的发展目标和主要任务。第一，交通运输是国民经济、社会发展和人民生活的命脉，主要包括陆地应用，如车辆自主导航、车辆跟踪监控、车辆智能信息系统、车联网

应用、铁路运营监控等；航海应用，如远洋运输、内河航运、船舶停泊与入坞等；航空应用，如航路导航、机场场面监控、精密进近等，随着交通的发展，高精度应用需求加速释放。第二，北斗卫星导航系统是助力实现交通运输信息化和现代化的重要手段，对建立畅通、高效、安全、绿色的现代交通运输体系具有十分重要的意义，积极发挥交通运输行业在北斗系统应用推广方面的带动作用，能够总体提升行业北斗系统应用规模及水平。第三，在世界交通运输大会博览会上我国的智慧交通惊艳全球，依靠"互联网＋交通大数据"的优势，通过交通大数据辅助城市交通指挥和管理决策，政策上我国将"北斗卫星导航系统推广工程"列为交通运输智能化发展重点工程，北斗系统应用在政策推动和应用推广方面齐头并进，持续创造财富和价值。

第二节　地方层面北斗导航产业政策环境分析

一、京津冀北斗产业一体化战略不断深化

2017年4月，北京、天津、河北三地政府部门联合发布《京津冀协同推进北斗导航与位置服务产业发展行动方案（2017—2020年）》（以下简称《行动方案》）。《行动方案》明确了京津冀北斗产业下一步的重点任务，并建立了完善的保障措施，以"需求引领、统筹协调"，"重点突出、协同推进"，"规模应用、互利共赢"，"深化合作、创新驱动"为原则，旨在充分利用现有北斗导航与位置服务产业基础设施和成果，开展北斗在多领域的规模化应用，统筹共享、系统发展，通过管理、资金、政策、标准等共同推进，营造良好的产业发展生态，提高产业创新力和竞争力。根据方案，到2020年，京津冀北斗导航产业总产值将超过1200亿元，成为国内最具影响力的北斗导航产业聚集区和科技创新制高点。在突破关键技术、培育应用市场、共谋产业发展方面联合三地的优势力量，充分利用三地的平台和政策，开展战略合作，推动北斗导航基础设施一体化、应用示范一体化和运营服务一体化，因地制

宜、有序发展，构建优质、完善、高效的产业生态体系。

此外，在打造雄安新区的国家规划中，高端高新产业发展核心区的表述明确优先布局北斗卫星通信导航等军民融合产业，并将其归为"坚持高端引领，瞄准当前处于国际前沿领域，具有战略性、前瞻性的产业"。借助雄安新区位于京津冀协同发展区域腹地的优势，在"一带一路"全球化发展的过程中，有举足轻重的地位。

二、北斗位置信息服务业转型发展水平不断提高

在世界经济环境加速变化，新一轮科技革命持续发酵的形势下，电子信息产业日益成为重塑全球经济发展模式的主导力量。2017年11月，河南省政府下发了关于印发《河南省电子信息产业转型升级行动计划（2017—2020）年》（以下简称《行动计划》）的通知，《行动计划》中提出到2020年，河南省电子信息产业基本实现由单纯规模扩张向规模扩张与价值提升并重的转变，由生产制造为主向生产制造与研发应用服务相结合的转变，主营业务收入力争达到万亿级，建成全国重要的中西部地区竞争优势突出的电子信息产业基地，到2020年，建成5000亿级智能终端产业集群，全产业链发展格局和产业生态系统基本呈现。

三、湖南率先出台政策对微小企业加大扶持力度

"与国际竞争，跟世界赛跑，与全球对话，跟未来较量"是把握军民融合国家战略的基本视角。建设世界一流军队，需要加快推进军民融合战略的有效实施，这就需要我们聚合民族之智，国家之力，军地之长，企业之能。北斗产业为典型的军民融合产业，在民参军过程中民企急需从政策层面破除参军壁垒。湖南作为军民融合产业发展的优势省份，根据《长沙市加快北斗产业发展三年行动计划（2016—2018）》的文件精神，加快壮大培育北斗产业小微企业，助推全市产业发展，2017年长沙市政府出台《关于支持北斗产业小微企业发展的实施细则》，目标为引导建设一批技术研发、服务、成果转化和产业化等协同创新平台，改善北斗小微企业服务环境，提升公共服务水平，为长沙北斗导航产业快速发展提供技术支撑。第一，通过财政金融手段，支

持军队转业高端人才创业，充分利用军队科研院所相关技术优势，培育一批本土高成长性企业。第二，补贴北斗技术和产品本地化采购和国产首台（套）北斗制造装备使用，以应用促市场，以市场促发展。

近年来，长沙高新区作为全国军民融合代表，通过深化"民参军、军转民"项目合作，重点发展先进装备制造、北斗导航、航空航天等关键领域。拥有中国电子、中国航天、中国电科、中国兵器等一批国字号直属的军民融合企业，聚集了景嘉微、航天环宇等军工资质企业45家。军民融合企业总数达120余家，其中北斗导航企业62家，数量占全市91%、全省80%；拥有长沙北斗产业技术安全研究院等为代表的国家级创新平台，建立了北斗导航产业技术联盟，设立了国内唯一经总参认证的军民两用北斗检测中心——北斗卫星导航产品质量检测中心。在北斗导航设备、导弹光电器件、航空航天配套软硬件、舰船配套装备、航空发动机新材料和通用航空等领域，新型企业发展呈现蓬勃态势。

四、智慧北斗推动城市服务发展升级

在中国卫星导航定位协会和中国位联的积极推动下，国家北斗精准服务网在全国展开建设并同步进行应用工作，为城市生命线设施提供基础保障。城市发展尤其是大城市发展过程中，人口密度大，经济要素高度聚集，北斗精准定位终端在解决城市化进程中的智慧管理上起到了举足轻重的作用，其中城市燃气是首个进行北斗精准服务应用的行业，在北京等一线城市全面应用并且已经深入城市燃气行业管理全业务链，包括规划、建设、运营、应急保障等方面。除了燃气行业拥有的相当成熟的应用之外，智慧北斗一直在不断向各行各业进行拓展。目前，北斗已在城市燃气、城镇供热、电力电网、供水排水、智慧交通、养老关爱等民生领域实现跨界融合，从根本上提升城市运行管理信息化能力，为智慧城市基础设施建设和管理带来技术创新和突破。在城市环境中有效提高北斗系统位置信息的准确性及可用性，不断优化北斗系统稳定性，精准定位服务能力不断提高，使市政管控更加高效。2017年"智慧北斗精准应用峰会"在北京举行，中国卫星导航定位协会与中国航天科工集团二院二〇三所、中国航天科技集团公司第四研究院第四十四研究所、中国通用咨询投资有限公司、上海嵌入式系统研究所、同方股份有限公司、哈尔滨未名信息技术开发有限公司、北斗位置服务有限公司7家企业进行了签约，共同推进国家北斗精准服务网在更多领域的推广与应用。

第二十二章 2017年中国北斗导航产业重点政策解析

第一节 《北斗卫星导航检测认证2020行动计划》

一、政策背景

2017年10月10日，国家认监委在官网发布《北斗卫星导航检测认证2020行动计划》，通过推进北斗卫星导航检测认证体系建设，能够确保和提升北斗卫星导航产品、系统及服务质量，对于推动我国自主发展的北斗卫星导航技术向全社会应用推广有积极的意义。北斗卫星导航系统是军民共用的国家重要空间基础设施，是国家安全和经济社会发展的必然要求，国家高度重视、行业和地方大力支持北斗导航系统的发展。伴随着行业应用快速推进，如何对北斗卫星导航相关产品进行全面、科学、准确的质量水平评估已成为广泛而迫切的需求。

在美国全球定位系统（GPS）、俄罗斯格洛纳斯（GLONASS）和欧洲伽利略（GALILEO）系统已经占有相当大部分的全球定位市场现状下，我国北斗导航系统如何健康发展、生存壮大，产品质量就成为关系我国卫星导航产业健康发展、应用市场形成规模的重要因素之一。检测认证是国际通用的一种质量提升手段，通过建设完善的北斗卫星导航检测认证体系，为北斗设计、研发、生产、运营、销售等相关单位提供一站式服务，对维护广大用户和消费者权益，加强政府行业管理决策，促进国际贸易，保障标准的贯彻执行，引领产业健康发展都有着十分重要的意义。

二、政策要点

《计划》全文分为五大部分，包括背景情况、现状分析、发展原则与目标、重点任务、保障措施。指出到 2020 年，北斗卫星导航检测认证体系服务能力大幅提升，具备每年为 5 万家以上北斗相关单位提供检测、认证、培训、咨询等服务的能力，具备每年为 100 万台北斗卫星导航产品提供检测、认证、试验等服务的能力，为北斗卫星导航产业发展和质量品牌提升提供强有力的支撑保障。

总结了五个方面的卫星导航检测认证体系的发展现状，一是制度体系初步建立，在国家认监委的指导下，中央军委联合参谋部战场环境保障局（以下简称"联参战保局"）结合相关职能，先后制定实施了一系列管理和技术文件，北斗卫星导航产品检测、认证体系建设的制度基础基本形成。二是检测体系初具规模，国家认监委会同联参战保局已经完成了 3 个国家级北斗卫星导航产品质检中心的规划、论证和授权工作，对 7 个北斗导航产品区域级检测中心和两个行业检测中心开展规划筹建，并完成 5 个区域级检测中心验收。三是服务体系初显成效，随着各级北斗卫星导航产品质量检测中心的验收和正式对外提供检验、试验、标准制修订及验证、综合分析、培训、咨询等技术服务，已为千余家军地单位提供服务，测试产品样品万余件。四是检测认证标准体系有待完善，近年来，国家陆续出台了一部分北斗技术和应用检测认证标准，并在北斗标准国际化工作上取得了积极进展，但检测认证标准体系建设总体上依然滞后，不能满足北斗产业快速发展需要。五是认证体系急需建立，目前，我国在北斗领域尚未建立相关认证制度，缺少专门的认证机构开展相关认证业务，认证需求尚未得到满足，认证体系急需得以建立完善。

提出四个发展原则和四个发展目标，发展原则遵循顶层设计、协同推进；需求为先、创新为本；深化应用、共建共享；开放融合，国际合作。发展目标包括北斗卫星导航检测认证行业自律和发展机制形成；北斗卫星导航检测体系基本健全；北斗卫星导航认证体系发挥作用；北斗卫星导航检测认证体系服务能力大幅提升。

确立了四个重点任务，一是结合军民融合，加快体系布局，具体任务包括升级北斗卫星导航检测体系；建设北斗卫星导航认证体系。二是强化能力建设，开展技术创新，具体任务包括开展北斗导航检测机构能力比对；升级北斗全球系统检测能力；增加辅助卫星定位检测能力；增加安全性检测能力；增强基础类产品检测能力；创新检测认证服务模式；完善北斗检测认证标准体系。三是打造北斗品牌，推广行业服务，具体任务包括成立中国北斗卫星导航产品检测认证联盟；打造北斗检测认证公共服务平台；拓展行业服务领域；推进行业技术培训与交流。四是加强国际合作，实现融合发展，具体任务包括助推北斗导航产品进入"一带一路"沿线市场；加强检测认证标准化工作。

提出了五个具体保障措施，一是国家认监委会同联参战保局出台相关政策，促进政府及行业用户的互动沟通，积极落实相关政策和资金方面的支持。二是联参战保局组织对全国已经获得北斗终端级资质的企业进行北斗卫星导航终端产品研产一致性检查，提升产品质量整体水平，促进行业良性发展的目的。三是国家认监委和联参战保局进一步加强统筹规划和军地联动，推动建立北斗卫星导航检测认证军地联动和部际协调机制，统筹协调北斗卫星导航检测认证相关政策措施，形成工作合力。四是加强北斗卫星导航检测认证宣传推广，充分展现北斗卫星导航检测认证体系的服务能力及成果，增进北斗卫星导航的社会认知和普及程度。五是加强人才队伍建设，组织实施北斗卫星导航检测认证人才培养计划，加快培养北斗检测认证行业急需的质量管理、技术研究、检测、认证、培训等各类人才。

三、政策解析

第一，肯定了北斗卫星导航系统五年来在检测认证方面的成绩。北斗卫星导航检测认证体系由组织体系和制度文件体系组成，根据《北斗卫星导航产品质量检测机构授权管理办法》《北斗卫星导航产品质量检测机构能力要求（试行）》《北斗卫星导航产品质量检测机构审查办法（试行）》《北斗卫星导航产品质量检测机构能力要求（1.0 版）》《北斗卫星导航产品质量检测机构审查实施细则（1.0 版）》等一系列管理和技术文件的指导，到 2017 年，北斗卫星导航检测认证制度体系已初步建立，制度文件体系上确立了北斗卫星导航产品检测、认证体系建设的制度基础基本形成。国家通信导航与北斗卫星应用产品质量监督检验中心、国家卫星导航与定位服务产品质量监督检验中心和国家卫星导航与应用产品质量监督检验中心等 3 个国家级北斗卫星导航产品质检中心从组织体系上支持了北斗导航系统检测方面的成绩。北斗导航检测认证方面的成果初具规模，在北斗系统产业链发展过程中做出一定贡献。

第二，从政策层面促进北斗导航产业检测认证水平不断完善。检验检测是保障国民经济运行的重要技术支撑，是社会各方共同依赖的质量技术基础，在维护质量安全、保障国计民生、加快技术创新、促进产业进步、推动经济转型升级等方面发挥着基础保障和支撑引领作用。与北斗导航产业检验检测相关的政策规划的发布，明确将检验检测确定为生产性服务业、高技术服务业、科技服务业的重要门类，为推动我国检验检测行业发展提供了坚实支撑。

第三，保证了北斗导航产品质量标准认证体系更加规范有据可依。十九大报告中明确指出，要把提高供给体系质量作为主攻方向，我国的北斗导航系统想要占领国际市场，更好地提供位置服务，就需要保证质量体系稳定，在检测认证方面给出明确指导。近四年，北斗相关国家质检中心、区域级检测中心共为4000余家军地单位提供了服务，测试北斗产品型号10000多个，测试样品30000余件，涵盖交通、电力、测绘等涉及国计民生的重要领域，获得广泛认可和好评。相关检测服务有效降低了相关单位在北斗技术和产品研发方面的成本，同时又促进了卫星导航产品质量和企业管理水平的提升，为我国北斗产业升级发展奠定了良好的基础。

第四，确保了北斗导航产业持续发展的动力。十九大期间，提出高质量经济体系发展的战略需求，在《中国制造2025》行动纲领的指导下，以北斗导航为代表的卫星应用将迎来爆发期，强大的质量检测认证能力，是保证导航系统服务稳定且不断进步、立足于世界强国之林的有力保障，是维持航空和航天领域的民用产业链稳定发展的重要依据，是北斗导航系统在经济高质量发展中发挥重要作用的有力保障。

第二节 《北斗卫星导航系统交通运输 行业应用专项规划（公开版）》

一、政策背景

交通运输部与中央军委装备发展部联合印发《北斗卫星导航系统交通运输行业应用专项规划（公开版）》，北斗卫星导航系统是我国着眼于国家安全和经济社会发展需要，自主建设、独立运行的卫星导航系统，是我国重要的空间基础设施。交通运输行业是北斗系统重要的民用应用行业，党的十九大报告中对建设交通强国提出了新的要求，做好交通运输行业北斗系统应用工作，是落实国家战略和促进经济社会发展的重要举措，同时也是新时期推进综合交通运输行业发展的迫切需要。《规划》的出台是贯彻落实党的十九大会议精神的体现，结合北斗系统全球组网建设规划，在行业北斗系统应用工作已取得成效的基础上，进一步推动相关工作持续深入开展有着重要指导作用。

交通运输部高度重视行业北斗系统应用工作，在"十二五"及"十三五"期，在部党组的高度重视下，交通运输部在政策支持、机制建设、标准研究、应用示范等方面开展了一系列工作，支持北斗系统建设应用，在道路运输与海上搜救领域开展了示范工程建设并取得了良好的效果。同时，在推动北斗系统国际化方面也取得了巨大的进展。《规划》的发布将有力提升行业北斗系统应用规模及水平，进一步发挥交通运输行业在北斗系统应用推广方面的带动作用。

二、政策要点

《专项规划》是"十三五"至"十四五"期推进北斗系统在行业应用的指导性文件，明确了今后一个阶段行业北斗系统应用工作的发展目标和主要任务，包括现状与形势、总体思路、主要任务和保障措施四个部分。

第一，阐述北斗导航系统交通运输行业应用的现状与形势。阐述北斗系统建设现状、未来发展规划以及交通运输行业北斗系统应用工作取得的主要成效，分析当前存在的主要问题，并从服务国家战略实施、支持现代综合交通运输体系发展等方面分析行业北斗系统应用工作的发展形势。

第二，明确北斗导航系统在交通运输行业应用的总体思路。明确以全面贯彻党的十九大精神，深入贯彻习近平新时代中国特色社会主义思想为指导思想，以强化基础，保障应用、政府引导，规范应用、市场驱动，创新应用、分步实施，有序应用为规划原则。从保障能力、应用环境、应用领域、创新能力等方面提出 2020 年行业北斗系统应用工作发展目标，并针对行业各主要领域北斗系统应用情况提出具体指标，明确到 2025 年，建成服务于综合交通的定位、导航和授时（PNT）体系，为国家综合 PNT 体系建设提供有力支持。

第三，从六个方面明确了北斗导航系统在交通运输行业发展的主要任务。从基础设施建设、完善应用发展环境、拓展行业应用领域、积极鼓励应用创新、推进军民融合应用、开展应用示范工程等 6 个方面提出主要任务。一是加强行业应用基础设施建设。发挥政府公共管理和安全保障作用，加强北斗系统交通运输行业应用基础能力建设，建设行业北斗地基增强、北斗中轨搜救系统、北斗全球系统应用验证平台等基础设施，并规划了 6 项基础设施建设重点工程。二是完善行业应用发展环境。从完善相关法规、研究相关标准两个角度出发，提出通过加强与相关国际公约对接、完善行业各领域相关管理办法、推进行业相关标准规范制修订及应用等方式，不断完善行业北斗系统应用发展环境。三是全面拓展行业应用领域。针对铁路、民航、邮政、公路、水路、公众出行、综合运输等行业全领域北斗系统应用工作提出要求，推动北斗系统在包含铁路、民航、邮政在内的综合交通运输体系下的全面应用。四是积极鼓励行业应用创新。

结合党的十九大报告中再次明确提出的"统筹推动创新驱动发展战略"，从支持北斗与其他技术融合应用、推动北斗相关技术成果转化、发挥企业创新主体地位 3 个方面提出鼓励行业北斗系统应用创新发展的具体举措。五是深入推进军民融合应用。北斗系统应用是交通运输军民融合深度发展的重点领域，《专项规划》提出，行业应增强先行意识，发挥先锋作用，全体推进北斗系统军民融合应用工作。六是开展行业应用示范工程建设。为进一步发挥应用示范工程引领带动作用，通过示范应用推动北斗系统服务"一带一路"建设、长江经济带发展，推动北斗系统在铁路、民航领域的应用，并促进行业关键领域实现卫星导航系统自主可控，《专项规划》在相关方向上规划了6项行业北斗应用示范工程。

第四，提出具有针对性的保障措施。为了使相关任务得到贯彻落实，《专项规划》从完善工作体制机制、拓宽资金筹措渠道、加强人才队伍建设、加强宣传和交流等方面提出保障措施。

三、政策解析

《专项规划》明确指出到2020年，交通运输各领域北斗卫星导航系统普及程度显著提高，应用标准政策环境进一步完善，定位导航服务能力和业务支撑能力明显增强，北斗系统国际化取得显著成果，基于北斗系统的定位、导航、通信、授时和短报文通信服务体系基本成型。

第一，体现了交通运输相关部门对北斗系统应用、落实国家北斗系统相关政策的高度重视。《专项规划》从顶层设计角度明确了行业北斗系统应用工作的基本理念和思路，针对性强、任务明确，在"十三五"的机遇期，拓展行业北斗系统交通运输领域应用、推进行业北斗系统持续健康发展具有重要意义。

第二，为进一步扩大北斗系统交通运输行业的应用领域、拓宽北斗系统应用模式提出重点任务。提出促进北斗系统在运输过程监管及服务、路网运行监测、交通基础设施建设及安全健康监测、安全应急、物流等多领域的应用，基本涵盖了行业内对定位导航存在需求的各个领域。在服务公众出行、助力综合运输发展上持续发力，推进交通运输军民融合深度发展，发挥先锋作用，全力推进北斗系统军民融合应用工作，提升行业军民融合发展水平和战备保障能力。

第三，还充分考虑到行业信息化发展趋势，提出探索北斗系统应用示范工程建设。在交通运输单北斗系统应用示范工程，基于北斗的国际道路运输服务信息系统工程，基于北斗的内河船舶航行运输服务监管示范工程，基于北斗的通用航空应用示范系统工程，基于北斗的铁路网和列车统一授时与调度指挥系统工程，全球海上航运示范工程等六个工程建设上，发挥示范引领作用，以示范应用带动全面应用和国际化应用。推动北斗系统服务"一带一路"建设、长江经济带发展，结合"一带一路"规划明确的"稳步推进北斗导航系统走出去"任务整体布局和实施方案，特别是中俄国际道路运输中，利用北斗/格洛纳斯系统服务两国国际道路运输，促进交通运输与北斗系统国际化发展联动。

第三节　内容涉及北斗产业的 各项"十三五"规划

一、政策背景

近年来，国家发布了《国家卫星导航产业中长期发展规划》《"十三五"国家战略性新兴产业发展规划》《军民融合"十三五"规划》《中国北斗卫星导航系统》白皮书等多项与北斗相关的政策规划，意在加快北斗系统建设、突破核心技术、提高质量水平、促进行业应用、推进国际互认。"十三五"时期是我国全面建成小康社会的决胜阶段，作为重大战略要素的北斗导航系统，相关部门出台的《国家突发事件应急体系建设"十三五"规划》《安全生产"十三五"规划》《"十三五"现代综合交通运输体系发展规划》均涉及了北斗系统的应用及发展。各行业主管部门相继出台相关领域北斗应用与产业化政策，在国家力量助推的同时，为北斗更好地深入各行业提供了政策指导与保障。

《国家突发事件应急体系建设"十三五"规划》的出台，是党中央、国务院把维护公共安全摆在更加突出的位置，要求牢固树立安全发展理念的必然产物。把公共安全作为最基本的民生，为人民安居乐业、社会安定有序、国家长治久安编织全方位、立体化的公共安全网，我国突发事件应急体系建设面临新的发展机遇。同时当前公共安全形势严峻复杂，深入推进应急体系建设面临风险隐患增多、诸多矛盾叠加的挑战。

《安全生产"十三五"规划》的发布，是建立在充分认识"十三五"时期，我国安全生产工作面临的挑战和机遇的基础上。我国现阶段由于社会发展不平衡，一定程度造成安全生产基础不完善，传统和新型生产经营方式的过渡不彻底，复合型安全问题隐患频发，监管监察能力现有力度不足。然而，在党中央、国务院高度重视安全生产的大背景下，安全生产领域的改革发展不断推进，"四个全面"战略部署不断深化，科技的进步以及人民群众的意识提高，都增加了安全生产工作前进的动能。

《"十三五"现代综合交通运输体系发展规划》肯定了交通运输是国民经济中基础性、先导性、战略性产业。构建现代综合交通运输体系，是适应把握引领经济发展新常态，推进供给侧结构性改革，推动国家重大战略实施，支撑全面建成小康社会的客观要求。

二、政策要点

《国家突发事件应急体系建设"十三五"规划》明确发展目标中强调了要明显改善社会协同应对能力。推进专业性应急志愿者队伍快速发展和应急产业产值大幅增长，重点强调了物联网、大数据、北斗导航等新技术在应急领域广泛应用。为确保北斗导航系统在应急体系中发挥积极作用，制定了应急产业发展培育计划。支持首台（套）应急专用设备研发生产和推广应用；组织重大应急产品和服务推广示范，大力推动北斗导航系统在监测预警、应急救援等方面的应用；在化解过剩产能中积极引导企业发展应急产业；建设一批国家应急产业示范基地，支持应急产业大型企业集团"安全谷"建设，形成区域性应急产业链，引领国家应急技术装备研发、应急产品生产制造和应急服务聚集发展。

《安全生产"十三五"规划》对渔业船舶发展方面提出要严格渔船初次检验、营运检验和船用产品检验制度。开展渔船设计、修造企业能力评估。推进渔船更新改造和标准化。完善渔船渔港动态监管信息系统，对渔业通信基站进行升级优化。推动海洋渔船（含远洋渔船）配备防碰撞自动识别系统、北斗终端等安全通信导航设备，提升渔船装备管理和信息化水平。

《"十三五"现代综合交通运输体系发展规划》将北斗卫星导航系统推广工程列为交通运输智能化发展重点工程,目标为加快推动北斗系统在通用航空、飞行运行监视、海上应急救援和机载导航等方面的应用。加强全天候、全天时、高精度的定位、导航、授时等服务对车联网、船联网以及自动驾驶等的基础支撑作用。鼓励汽车厂商前装北斗用户端产品,推动北斗模块成为车载导航设备和智能手机的标准配置,拓宽在列车运行控制、港口运营、车辆监管、船舶监管等方面的应用。

三、政策解析

第一,表明了中国愿以积极开放的姿态与世界其他国家携手发展卫星导航系统。北斗产业在各行业的应用,尤其是 2017 年在应急救援、安全生产等方面是"十三五"发展规划中的重要支撑。为全面贯彻党的十九大精神,深入学习贯彻习近平总书记系列重要讲话,"十三五"各项规划中提及北斗导航产业,让北斗系统更好地服务全球、造福人类。

第二,北斗导航技术的进步是创新发展的原动力。加强制度创新、产品创新、管理创新和服务创新,增强支撑卫星测绘未来发展的核心竞争力,持续释放卫星测绘应用发展活力,推动创新成果尽快转化为生产力。以"一带一路"空间信息走廊建设为重点,围绕对地观测、通信广播和导航定位等卫星研制、系统建设、应用产品等,完善空间信息走廊建设;在人才交流、法律法规建设等方面,合作开展航天领域人员交流与培训,以及空间法律、空间政策、航天标准等研究。进一步牵引我国航天事业的发展。在由航天大国加速向航天强国迈进的战略机遇期,航天发展思路也随之调整,由以往通过空间技术带动空间科学研究和空间应用推广,调整为通过空间科学和空间应用共同牵引推动空间技术创新发展,实现空间科学、空间技术、空间应用全面发展。

第三,数据服务提升了北斗导航系统在智慧生活中的应用价值。将北斗应用标准体系的建设纳入我国测绘地理信息标准化建设规划,研究建立北斗应用标准体系框架;围绕应用技术体系提出,加强北斗导航与定位服务产品质量检测和监管技术研究,以及基于北斗的动态时空基准构建、动态高精度定位和局域/广域差分定位等技术研究等；围绕服务体系提出，结合"一带一路"沿线国家和地区的实际需求，开展北斗导航卫星地面站建设，深度挖掘和推广北斗卫星应用，增强北斗全球化服务能力。对于深入推进北斗系统应用，加快北斗卫星导航定位与地理信息的融合，拓展测绘地理信息领域北斗系统的业务范围、产品体系和服务模式。

热 点 篇

第二十三章　2017年北斗卫星导航产业热点事件

第一节　北斗二号卫星工程荣获2016年度国家科学进步奖

一、热点事件

2017年1月9日，国家科学技术奖励大会在北京人民大会堂隆重举行。北斗二号卫星工程荣获2016年度国家科学技术进步奖特等奖。北斗二号卫星工程是我国科技重大专项，是北斗卫星导航系统建设"三步走"发展战略的第二步，主要任务是建成覆盖我国及亚太地区的北斗二号卫星导航系统，满足我国的经济社会发展和国防军队建设需要，保障国家安全和战略利益。北斗二号卫星工程于2004年8月立项，经过8年时间完成研制建设，全国300多家单位、上万名科技人员参加研究和建设工作，建成了由14颗组网卫星和32个地面站天地协同组网运行的北斗二号卫星导航系统。2012年12月开始正式向中国以及亚太地区提供导航、定位和短报文通信等服务，该系统的性能与国外同类系统相当，达到同期国际先进水平。

北斗二号卫星工程建设的成功完成，标志着中国摆脱了对国外卫星导航系统的依赖，从根本上掌握了时空基准控制权、卫星导航产业发展主动权、国际规则制定话语权，对我国的经济建设和国防安全保障奠定了基础。作为我国服务国际的公共产品，北斗卫星导航系统已逐渐成为代表中国的一张"名片"。北斗二号卫星导航系统取得了"四个第一"：第一个将多功能融为一体的区域卫星导航系统，第一个与国际先进系统竞技的航天系统，第一个面向大众和国际用户提供服务的空间信息基础设施，第一个复杂星座组网的航天系统。

二、热点评述

（一）北斗二号导航卫星在产业发展过程中承上启下的关键作用得到进一步肯定

全球有四大卫星导航系统，作为其中之一的北斗卫星导航系统是我国自主研发且独立运行的，基于国家安全和经济发展的基本着眼点建设的全球卫星导航系统。北斗卫星导航系统自建设以来逐步形成了三步走的发展策略。北斗二号导航卫星是三步走中的第二步，在兼容北斗发展一步走过程中的北斗一号技术基础上，同时增加无源定位，从为国内用户提供服务逐步拓展到为亚太整个地区用户提供定位、短报文通信等相关服务，为完成 2018 年服务"一带一路"经济带的目标提供坚实基础。"国产化是北斗卫星导航系统的一大闪光点。北斗二号建设运行的 12 年来，许多科研人员付出了很多努力，这次获得国家科技进步特等奖，是国家对科研人员过去工作的一种肯定。这个荣誉也会激励着北斗团队继续努力，通过弯道超车，实现国际领先。"

（二）推动国家高新技术自主创新研发进程，为建设航天强国奠定坚实基础

我国的航天事业起步较晚，相比西方发达国家有一定的差距，在很多北斗卫星导航系统的关键核心技术上更是受到国外知识技术保护的极大限制，这迫使我国在发展关键技术上必须要填补技术空白，突破创新壁垒，实现特别是铷星载原子钟等核心元件的国产化。经历了我国科研人员的不懈努力，我国自行研制的铷原子钟与美国 GPS 系统的同期性能指标相当，实现了北斗卫星的产业化应用，在北斗系统发展过程中起到了关键性作用。对精度、小型化、寿命、可靠性和卫星环境适应性的研究取得系统化成果，对提升我国原子钟和空间技术水平起到重要作用。北斗二号卫星导航系统力争在最少卫星数量的基础上，实现区域内最优的定位导航功能，同时作为我国第一个面向社会和世界服务的空间信息基础设施，尤其是在对周边国家免费提供数据

信息服务以来，得到了优良的数据反馈和参数指标。不但实现了多卫星同时生产，高密度发射的技术突破，同时也使航天产品的传统生产方式得以改进，让我国从根本上摆脱了对国外技术的依赖，提升了航天卫星导航定位技术的核心竞争力，并成为联合国认证的四大核心供应商之一。

第二节　北斗三号双星首发成功，中国北斗步入全球组网新时代

一、热点事件

2017 年 11 月 5 日 19 时 45 分，我国北斗三号首发双星搭乘长征三号乙/远征一号运载火箭从西昌卫星发射中心顺利升空。随后，火箭上面级与卫星成功分离，卫星进入预定轨道。本次发射的卫星是我国北斗三号的第一颗和第二颗组网卫星，走向了北斗卫星导航系统全球组网的新时代，标志着北斗卫星导航系统"三步走"发展战略迈入"最后一步"。我国于 20 世纪后期开始寻求适合我国国情的卫星导航系统发展道路，逐步形成"三步走"发展战略：2000 年年底成功建成北斗一号系统，首先向中国提供服务；2012 年年底建成北斗二号系统，完成向亚太地区提供服务的目标；2020 年前后建成北斗全球系统，向全球提供服务。目前，前两步已经实现，中国也成为继美国、俄罗斯之后世界上第三个拥有自主卫星导航系统的国家。

与北斗二号相比，北斗三号卫星将增加性能更优、与世界其他卫星导航系统兼容性更好的信号 B1C；按照国际标准提供星基增强服务（SBAS）及搜索救援服务（SAR）。同时，还采用了更高性能的铷原子钟和氢原子钟，铷原子钟天的稳定度为 E – 14 量级，氢原子钟天的稳定度为 E – 15 量级。新技术使北斗三号的性能得到大幅提升，空间信号精度（SIS）优于 0.5m。北斗三号卫星的定位精度将会达到 2.5—5 米的水平，并且在保留短报文功能的前提下提升相关性能。

二、热点评述

（一）北斗三号不仅自主可控还实现成果转化，核心产品走出国门

航天科技是高科技的代表，其发展水平一方面依托于我国科技的整体水平，另一方面又牵引着相关技术相关领域的发展。北斗三号控制系统在"自主可控"方面的两个特征十分明显：一是实现了核心产品的国产化；二是牵引了国内相关技术水平的发展。为满足卫星长寿命要求，北斗三号卫星芯片的芯片指标是国内最高，在国际上也处于领先水平。北斗三号在实现自身"自主可控"的同时，相关成果也正在为其他型号的国产化默默发挥着积极作用。实践证明，"中国制造"的航天装备性能经得起考验，中国航天的核心产品正走出国门，并逐渐为国外同行所认同。中国航天人不仅帮助用户圆满完成了任务，更让"中国制造"的符号在异国他乡展示着中国新的形象。

（二）北斗导航系统与国际兼容造福全世界

北斗卫星在设计建造过程中，就已考虑到对其他系统的兼容性。北斗兼容互操作技术，不仅为用户端在终端上接收多个信号提供了基础，而且为用户提供了更多的选择。北斗导航系统兼容互操作技术的便利性将确保全球用户的利益最大化。完善与其他卫星导航系统间的沟通，促进卫星导航技术的兼容性应用，是发展卫星导航系统的重要方向。北斗、格洛纳斯、伽利略等导航系统建成之后，导航卫星将会达到100颗以上，这标志着全球用户可接收到更多的卫星信号。如今，从作为一个航天大国，我们正向航天强国逐步迈进，北斗导航卫星系统将以面向全球、造福全人类的目标，为祖国、为世界建设一个伟大工程。

第三节　北斗地基增强系统（一期）建成并具备基本服务能力

一、热点事件

2017 年 6 月，北斗地基增强系统（一期）建成并通过验收。一期主要完成框架网基准站、区域加强密度网基准站、国家数据综合处理系统，以及国土资源、交通运输、中科院、地震、气象、测绘地理信息等 6 个行业数据处理中心等建设任务，建成基本系统，在全国范围提供基本服务。北斗地基增强系统是我国自主研发制造的北斗卫星导航定位系统服务体系中的重要组成部分。建成以北斗为主，并且兼容其他系统的高精度位置服务网络，将为确保国家高精度时空信息安全提供保障，同时也是实现现代经济社会发展和定位服务的重要项目，对提升北斗系统服务质量，政府需求、行业和大众对北斗高精度应用的要求，对创造差异化服务，加速促进北斗卫星导航应用与产业化具有重要的意义。

北斗地基增强系统可以带来不同级别的高精度服务，在车道级导航、建筑物监测、工程施工和精准农业等方面带来全新的高精度体验。系统能力达到了国外同类系统技术水平。该系统于 2014 年 9 月正式启动研制建设，由中国卫星导航系统管理办公室协同交通运输部、国土资源部等部门统一设计规划、共同建设、共同享有，由中国兵器工业集团承担系统建设的总体任务。该系统建设分两个阶段，一期已经完成；二期计划于 2018 年年底完成，主要进行区域加强密度网基准站的补充建设，并且进一步提升系统的服务性能和运行的连续性、稳定性和可靠性，实现全面服务的能力。

二、热点评述

（一）完善空间数据基础设施建设，建设"全国一张网"，满足更多领域需求

北斗卫星导航系统进入全球组网的密集发射阶段，而随着天空中"北斗"越来越多，其相应的配套服务也在强大起来。北斗地基增强系统，可在全国范围内提供亚米级精准定位服务，在中国的 21 个省份提供实时动态厘米级精准定位服务。而北斗卫星千寻位置服务平台总用户数超过 1 个亿，A－北斗加速定位服务覆盖全球 200 多个国家和地区。国家北斗地基增强系统将在中国大陆实现实时厘米级服务的全境覆盖。届时，北斗高精度定位服务有望成为全社会共享的一项公共服务，在其赋能之下，智慧城市、自动驾驶、智慧物流等各种应用都将实现真正的大规模商用。

（二）推动北斗产业链和产业化进程，促进从上游产品到下游终端的协调发展

北斗卫星导航产业是基于我国自主研发的北斗卫星导航系统，在军事、民用、科技等方面形成的庞大产业链，是我国未来重要战略性新兴产业。我国大力推动北斗系统应用与产业化发展，打造由基础产品、应用终端、应用系统和运营服务四部分构成的北斗产业链，提升卫星导航产业的经济和社会效益。目前北斗产业链条主要包括：上游的天线、芯片、板卡等产品；中游的手持型、车载型、船载型并且结合了各行业应用的综合型终端产品；下游的系统集成和运营服务业已在数据采集、监测、监控、指挥调度和军事等各领域应用。

第四节　《中华人民共和国卫星导航条例》
院士专家座谈会在京召开

一、热点事件

2017 年 12 月 14 日，卫星导航立法院士专家座谈会在北京航空航天大学召开。包括十位院士在内的 30 余位专家，指出《中华人民共和国卫星导航条例》草案内容充分体现出问题导向和军民融合的基本原则，符合我国国情和国际惯例，具有很强的现实需求和可操作性，应抓紧启动征求意见阶段工作，为进一步完善提供条件。本次座谈会的召开，对于《中华人民共和国卫星导航条例》由编制阶段转入征求意见阶段，加快推动国家卫星导航法治建设具有重要意义。

与会院士专家纷纷表示，《中华人民共和国卫星导航条例》是我国第一部卫星导航基本法规，对于确立北斗系统作为国家基础设施的法律地位，建设世界一流的卫星导航系统，打造世界一流的时空信息应用服务体系，具有根本性的基础保障作用。

二、热点评述

北斗卫星导航系统作为国家重大时空基础设施，是军民融合的典型工程，涉及国家安全以及经济社会建设等许多方面，关系到国内国外"千家万户"的种种利益，必然要求运用法治思维和法治方式进行建设。《中华人民共和国卫星导航条例》起草工作从中国卫星导航的实际出发，梳理出中国卫星导航立法在体制机制、权限划分、权利义务分配、责任明晰等方面面临的问题，直击阻碍卫星导航发展的体制痛点，着力解决影响卫星导航建设的制度难点，疏通制约卫星导航应用的政策堵点，以确保条例真正能够发挥应有的规范和引导作用。

第五节 首个海外北斗中心落成运行, 助力中阿卫星导航合作

一、热点事件

2018 年 4 月 10 日,中国卫星导航系统管理办公室与阿拉伯信息通信技术组织,在突尼斯埃尔贾扎拉科技园联合举办了中阿北斗/GNSS 中心落成仪式。这是落实习主席"研究北斗卫星导航系统落地阿拉伯项目"倡议的重要举措,也是首次在海外设立北斗中心,加快北斗服务阿盟地区乃至全球发展的重要环节。

北斗卫星导航系统是中国自主建设、独立运行的卫星导航系统,主要着眼于国家安全和经济社会发展需要,为全球用户提供全天候、全天时、高精度的定位、导航和授时服务的国家重要空间基础设施。卫星导航系统作为全球性的公共资源,多系统兼容与互操作性已成为发展趋势。中国始终坚持"中国的北斗,世界的北斗"的发展理念,服务"一带一路",积极推进北斗系统与国际间的合作。与其他卫星导航系统共同携手,与其他国家、地区和国际组织并行,共同推动全球卫星导航事业的不断发展,让北斗卫星系统更好地服务全球和全人类。

二、热点评述

(一) 推动各个领域国际间合作,提高技术发展和人才培养水平

首个海外北斗中心落成运行将进一步推动中阿国家的技术交流与合作。一年的时间里,在阿拉伯国家落地运行的中国科技项目不断增加,农业物联网在迪拜、埃及等地发展,风光两用节能灌溉酮在阿曼实现了 2000 万美元的销售量,北斗卫星系统在阿联酋和沙特提供相关的服务。在"一带一路"的推动下,阿拉伯国家对中国的科技发展进一步关注。除了技术转移对接外,后续将配套技术人员培训、搭建信息平台、实现创新机制的学习,让技术交

流的成果真正落地。中阿科技合作将进一步为两国带来新的成果。

（二）加快中阿共建共享北斗系统的合作进程，为实现北斗服务全球、造福人类的目标贡献重要力量

北斗卫星导航系统是通过中国自主研发建设、独立运行，并且与世界其他卫星导航系统互相兼容使用的全球卫星导航系统，主要以服务全球和造福人类为目标。中国政府十分重视北斗卫星导航系统的建设、应用和国际合作，将"稳步推进北斗系统走出去"列入国家"一带一路"建设任务。秉持"中国的北斗，世界的北斗"的发展理念，在建设北斗全球系统的同时，积极推动北斗系统国际化发展，广泛开展国际合作。北斗中心落成运行是中国与阿拉伯国家在卫星导航领域进行国际合作的重要标志，旨在带动北斗落地阿拉伯国家，促进北斗服务于阿拉伯国家经济社会发展。

展望篇

第二十四章　全球卫星导航产业发展趋势

第一节　发展趋势

2017 年，美国 GPS（全球定位系统）、俄罗斯 GLONASS（格洛纳斯）、欧盟 Galileo（伽利略）以及中国北斗卫星导航系统等全球四大卫星导航系统（GNSS）稳步发展，市场需求强劲，新型应用的预期增长显著。美欧俄等继续加速下一代星座部署，其中美国 GPS 系统凭借系统的长期积累和稳定性，继续引领全球卫星导航产业的发展；欧洲 Galileo 系统开始积累星座运行经验并开展产业链条布局；俄罗斯 GLONASS 系统维持星座稳定运营并积极融入国际兼容互操作主流发展框架；我国北斗系统建设加速向全球系统迈进，即将面临与其他国际卫星导航系统的正面竞争。全球卫星导航市场规模将在各国竞争和合作中继续延续稳步发展态势。

一、新一代 GNSS 系统部署进入快车道

2017 年，四大全球卫星导航系统瞄准加速形成新一代 GNSS 系统服务能力，开展空间段星座和地面运行控制系统的建设和升级部署。美国首颗 GPS Ⅲ 卫星已成功交付空军，计划 2018 年由商业航天翘楚 SpaceX 公司发射，第二颗 GPS Ⅲ 发射任务仍然于 2017 年签给了该公司。GPS Ⅲ 将首次启用新型 L1C 民用信号，该信号将是面向消费类用户的国际兼容互操作主用信号，标志着 GPS 现代化进入最后阶段。经过多次的拖延和经费超支，2017 年美国雷神公司顺利完成支持 GPS Ⅲ 的新一代 OCX 系统的支持发射和在轨检查（OCX Block0）部分，但整个 OCX 系统由于赛博安全要求超出早期合同将进

一步推迟。Harris 公司于 2017 年完成了 GPS Ⅲ B 卫星关键导航载荷的工程样机研制，GPS Ⅲ B 卫星将在即将发射的 GPS Ⅲ A 卫星基础上，实现全数字处理和强大的在轨可重构能力，支持高速 V 频段星间链路和强大的点波束功率增强能力，极大地提升未来 GPS 星座的导航战能力。Galileo 系统采用一箭四星技术部署增加了 4 颗卫星，可提供服务的 FOC 在轨卫星数量达到 15 颗。Galileo 系统爆发了较大面积的星载原子钟故障，但 ESA 已相信找到了解决方案，并新签署了 12 颗 FOC 卫星采购合同。GLONASS 系统仅发射了一颗 GLO-NASS‒M 卫星来维持星座的可靠运行，证明了该星座的稳定性近年来得到了显著改善。中国北斗卫星导航系统在经过长达五年的试验星计划后，技术状态逐渐稳定，进入密集发射组网阶段，计划 2018 年底完成 18 颗 MEO 卫星组网，抢占全球卫星导航市场份额。2018 年各大卫星导航系统的性能竞争将愈发激烈，新型原子钟、现代化导航信号等新一代 GNSS 系统技术将开始在新的星座中组网应用，服务性能和稳定性将成为决定各大导航系统竞争力的核心要素，并推动系统和应用技术不断创新发展。

二、多系统多频 GNSS 产品进入大众消费级市场

2017 年 11 月 29 日，北斗与 GPS 系统发表兼容互操作声明，标志着 GPS、Galileo 和北斗系统经过长达十年的探索，完成了多系统的兼容互操作设计。多系统产品未来可同时处理的卫星数提高了 2—3 倍，在城市峡谷等高遮挡挑战应用中，极大提升了服务的可用性和完好性。早期多频 GNSS 产品仅有 GPS L1＋L2 单系统双频方案，开辟了基于卫星导航的高精度测绘、农业自动化等全新业务领域。北斗二号区域卫星导航系统是全球第一个提供三频高精度定位的卫星导航系统，也是北斗与 GPS 差异化竞争的关键之一。随着各大系统的不断发展，GPS 逐渐开始提供基于 L1＋L2＋L5 的三频高精度服务能力，Galileo 系统的 E1＋E6＋E5 三频信号也在部署之中。多频多系统高精度接收机将精度从米级提高至分米甚至厘米级，已成为卫星导航学术界和产业界的关注焦点。尽管多频多系统芯片和板卡已经在测绘等传统专业应用和行业市场中逐渐普及，大众化消费类应用仍然以米级定位为主，而据欧洲全球卫星导航系统管理局（GSA）的预测，2017 年全球在用 58 亿 GNSS 设备中，80%

将是智能手机。2016 年谷歌在 I/O 大会上宣布安卓操作系统将支持 GNSS 原始观测量输出的 API 接口，首次为消费类移动通信设备接入高精度应用提供了可能性。2017 年，Broadcom 公司发布全球首款支持 L1 + L5 的双频消费类芯片 BCM47755，在探索消费级市场的高精度应用中迈出了实质性的一步，定位精度可提升至 30 厘米。

随着各大全球卫星导航系统星座部署的不断完善，在摩尔定律的推动下，各大芯片制造龙头将有理由和能力在消费级单芯片内实现多频多系统接收处理，将传统意义的高精度行业应用技术延伸至大众化消费市场，配合各类增强辅助手段，实现导航产业和位置服务性能迈入亚米级的飞跃提升，成为未来消费类电子的标配。

三、跨领域技术创新注入 GNSS 应用新活力

卫星导航是当前最具成本竞争力的全球时间空间基准获取手段，已经演变为一种基础赋能技术嵌入各种技术和应用中，推动了众多跨领域技术创新。随着以高精度为代表的 GNSS 产品和技术不断发展，GNSS 的应用潜能得到进一步释放，已成为当前重大跨技术领域发展的基本要素。

对于全球蓬勃发展的自动驾驶领域，高精度地图和高精度位置服务是实现自动驾驶的基础，GNSS 技术与人工智能等技术并列，是支撑自动驾驶技术的基石，也对 GNSS 高精度服务的稳定性和可用性提出了巨大挑战，未来有望成为运输行业的标配。在以物联网、大数据和人工智能为特征的新一代信息技术革命中，GNSS 作为基础时空源信息，渗透进入物联网数据产生、大数据分析及人工智能理解的各个环节，海量廉价、低成本、低功耗、小体积的 GNSS 设备的增加将极大提升物联末梢信息标签价值。根据欧盟《全球导航卫星系统市场报告》分析，5G、自动驾驶、智慧城市等跨技术领域创新，将推动 GNSS 增值服务每年 20% 的速度增长，并促进增值服务的推广和多样化发展。

四、卫星导航搜救改变全球卫星搜救产业

除传统导航、定位、授时功能外，新一代 GNSS 系统普遍搭载了中轨道搜

救载荷（MEOSAR），该载荷与传统基于低轨卫星（LEO）的全球卫星搜救系统 COSPAS – SARSAT 相比，采用了全新的技术体制，充分发挥了卫星导航星座全球覆盖、定位精度高的特点，将搜救定位时间从半小时提升至秒级，定位精度从 5 公里提升至 10 米。

传统 LEOSAR 主要服务海上客户，市场规模有限。新的搜救体系将全面覆盖陆海空用户，支持便携个人应用，市场潜在规模扩大。随着第二代搜救信标机标准于 2017 年发布，基于全新的卫星导航星座的高可靠高精度搜救行业开始进入产业化快车道。国际海事组织、国际民航组织等均开始研究将 MEOSAR 纳入强制规范；2017 年美国国家和海洋管理局 NOAA 按计划将位于夏威夷、佛罗里达、关岛和阿拉斯加的 LEO 升级为兼容 MEOSAR 的搜救运营中心；我国北斗卫星导航系统也将在部分卫星搭载 MEOSAR 载荷。预计至 2020 年，基于 MEOSAR 的搜救终端将成为各重要运输行业标配。

第二节　发展预测

当前智能手机等主要 GNSS 安装市场的发展趋于稳定，卫星导航应用市场进入平稳发展时期，但新兴的物联网、车联网、高精度定位应用已开始酝酿

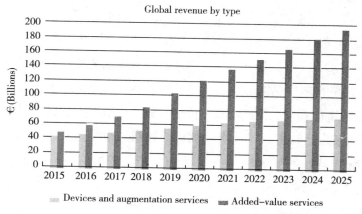

图 24 – 1　全球 GNSS 拓展市场规模预测（亿欧元）

数据来源：欧洲全球导航卫星系统局，2017 年 5 月。

新一轮的增长，各大 GNSS 系统的更新部署提供了新的服务信号和性能，也必将带来支持新的多频多系统服务的应用设备大规模升级替换。据 GSA 测算，2020 年前 GNSS 复合增长率可达到 6.4%，而增值服务将达到 20% 年复合增长率。随着四大卫星导航系统于 2020 年后投入正式运营，市场竞争加剧，新服务日趋成熟，增速将减缓到 3.8%，增值服务增长将减缓至 9.6%。参考 GSA 及其他机构预测数据，2017 年 GNSS 市场规模约 1200 亿欧元，2018 年，将达到 1400 亿欧元左右。

第二十五章　2018年中国北斗导航产业发展形势展望

展望2018年，北斗系统将进入全球系统组网的密集发射期，地基增强系统基础设施完善，高精度应用开始落地。政策规划方面，北斗导航在国家各层面进入"十三五"规划重点发展，地方将继续出台北斗应用与产业化政策，更加重视人才引进和产业落地。产业发展方面，从传统定位导航授时开始向跨界融合、泛在实时、智能服务发展，随着智慧城市、共享单车、物联网、车联网等应用场景不断成熟，将带动北斗运营服务进入高速增长。国际合作和交流方面，北斗系统完成了与GPS的兼容互操作设计，开始在"一带一路"国家落地应用，在国际海事组织等国际标准制定中取得重大进展，有力推动了北斗系统走出国门，融入世界的步伐。

第一节　发展趋势

一、政策规划持续推动北斗产业和应用发展

2017年是"十三五"规划贯彻的开局年，北斗作为国家重大空间信息基础设施获得"十三五"规划重点支持，国家、各部委和各省市纷纷将北斗产业纳入"十三五"规划，制定相应指导和扶持政策。作为国家重大科技专项，北斗系统是创新发展战略的重要体现，是我国战略性新兴产业的重要组成部分，可以预见，随着2018年全球组网走出国门，北斗产业的发展将迎来更多的政策利好和市场红利。第一，国家政策层面，国务院在《安全生产"十三五"规划》《"十三五"现代综合交通运输体系发展规划》《国家突发事件应

急体系建设"十三五"规划》中，明确在安全生产、现代综合交通运输体系、国家突发事件应急体系等方面使用北斗系统。第二，各部委层面，交通部、中宣部、网信办等十部门联合印发《关于鼓励和规范互联网租赁自行车发展的指导意见》，提到建设基于北斗系统的电子围栏，规范互联网租赁自行车；《民航局关于推进国产民航空管产业走出去的指导意见》，提出北斗卫星导航系统在民航领域的应用步伐将进一步加快；交通部发布《关于推进长江经济带绿色航运发展的指导意见》，提出加快建设数字航道，推广使用长江电子航道图、水上 ETC 和北斗定位系统；农业部、发改委、财政部联合印发《关于加快发展农业生产性服务业的指导意见》，提出加快推广应用基于北斗系统的作业监测、远程调度、维修诊断等大中型农机物联网技术；交通部、中央军委装备发展部印发《北斗卫星导航系统交通运输行业应用专项规划（公开版)》，大力推动北斗交通行业应用，在铁路、公路、水路、民航、邮政等交通运输全领域实现北斗系统应用，其中重点和关键领域率先实现卫星导航系统自主可控。第三，地方政策层面，北京、天津、河北、上海、湖南、安徽、广西、甘肃等省市区积极筹划出台各种北斗应用与产业化政策。政策制定更结合当地产业发展优势和实际应用需求，将带动各地经济发展，推动产业升级转型。2018 年，北斗系统进入全球组网密集发射期，高精度应用开始大规模落地，在强大的市场预期和产业转型推动下，各地将加大扶持北斗产业应用推广落地，带动北斗市场进入爆发期。

二、通导一体成为北斗产业差异化发展方向

北斗系统是世界唯一同时具备导航与通信功能的卫星导航系统。近两年，通导一体化已成为卫星应用领域的国际发展热点和国内关注焦点。北斗短报文通信应用不断扩展，低成本通导一体化终端不断推陈出新，已经在数据采集、海洋浮标、渔业监控等领域开展应用。北斗三号将进一步增强短报文通信功能，并首次提供全球位置报告能力，开展与 GPS 系统的差异化竞争。

当前国内外正经历第二次太空创业热潮，Oneweb、Starlink 等低轨通信星座层出不穷，国内虹云、鸿雁等商业星座计划也相继推出，基于低轨星座的星基导航增强探索也已起步，例如 2018 年初，中国科学院光电研究院依托天

仪研究院研制的卫星平台，开展了基于低轨道卫星的导航信号增强在轨技术试验，取得圆满成功。国内低轨星基物联网创业热潮兴起，北斗短报文通信功能能占据优势频率和轨位资源已经抢占先机。随着北斗三号星座能力提升，短报文通信终端的体积、重量和成本将进一步大幅下降，转而推动短报文应用领域的爆发式增长，北斗占据中国星基物联网市场主导地位的趋势已十分明朗。

三、万物互联驱动北斗卫星导航产业发展

当前，人与人相连、人与物相连、物与物相连的"万物互联"时代大幕已经拉开，它将接替移动互联，改变当前所有的商业模式。作为未来商业模式的基石，位置服务将激发传统产业的巨大变革，带来生产、管理和营销模式的改变，成为众多行业向智能化跨越的关键。"万物互联"的环境中，以"定位"为基元，以"互联"为构架，未来产业体系向更加智能化、人性化的方向发展。具备高精度 PNT 服务能力的北斗系统正凭借在中国以及"一带一路"国家和地区的信息和性能优势，成为构筑中国自主可控的时空信息一体化体系的基石。同时，5G 以及智能驾驶等新兴应用的推进对 PNT 的精度要求将会进一步提高，从而刺激北斗产业高精度应用的多样化发展以及产业链盈利能力的持续提升。2017 年，北斗高精度基础建设取得重大进展。由兵器工业集团和阿里巴巴集团承建的北斗地基增强系统"全国一张网"（一期）建成并正式通过验收，并于 7 月发布了《北斗地基增强系统服务性能规范（1.0 版）》。一期主要完成框架网基准站、区域加强密度网基准站、国家数据综合处理系统，以及国土资源、交通运输、中科院、地震、气象、测绘地理信息等 6 个行业数据处理中心等建设任务，可在全国范围内提供亚米级精准定位服务，在中国的 21 个省份提供实时动态厘米级精准定位服务。该项目标志着我国高精度卫星导航应用的基础设施已初步准备就绪，在高精度位置服务赋能之下，智慧城市、自动驾驶、智慧物流等各种应用都将实现真正大规模商用，势必引起资本和产业界的高度关注。以融合为特征的"北斗 + 互联网 + 其他行业"新模式，结合北斗系统自身的完善和相关技术的进步，以北斗时空信息为主要内容的新兴产业生态链逐步构建，成为北斗产业快速发展

的新引擎和助推器，推动着传统生产生活方式的转变和商业模式的创新。

四、地方北斗产业进入良性发展轨道

随着各地北斗产业园区建设热潮的回落，地方政府对北斗产业的扶持逐渐回归理性，转而以发展北斗技术研究、产业配套、增值服务和新型应用为主，更加切合各地产业基础和实际应用需求。当前军队改革基本落地，北斗军工订单逐渐恢复，以高精度、物联网为代表的新技术应用推动各地企业根据自身技术优势转型，适应新的发展形势和需求。一批龙头企业的核心竞争力和市场竞争力不断增强，产业一体化程度加快，分散杂乱发展状况大为改善，区域牵引作用和产业聚集程度有所提高，产业发展逐渐步入良性循环轨道。例如，产业链上游国产核心器件取得重大进展，28nm 多系统兼容北斗导航芯片 FireBird 成功研制，总体性能达到国际同类产品水平，可用于智能手机等产品，服务于北斗和万物互联；国产北斗芯片销量累计突破 5000 万片，高精度 OEM 板与接收机天线分别占国内市场份额的 30% 和 90%。产业链中游受国家政策驱动，市场规模迅速增长，在交通运输、渔业、精确授时等诸多行业应用领域逐渐形成良性循环，带动了相关产品检测验证和信息服务产业发展。产业链下游的运营服务随着应用领域不断丰富和细分领域的规模提升进入快速增长期。除传统的精密测绘、农业自动化、位移监测等行业市场，无人驾驶等未来规模最大的高精度应用市场极大地刺激了资本、政策和人才的涌入，整体推动了北斗产业向高端定位产品和增值服务转型，带动了整个北斗产业瞄准未来脱虚向实的发展，积极储备以应对即将到来的全球卫星导航系统阶段残酷的国际竞争。

五、"一带一路"和国际合作进入新阶段

2018 年是北斗系统"三步走"战略的关键年，按照计划，将有 18 颗北斗卫星在 2018 年前后完成发射，全球组网系统建设基本完成，率先为"一带一路"沿线国家提供相关服务。当前高精度定位技术及应用仍是"一带一路"沿线北斗发展热点。2018 年 4 月，中国卫星导航系统管理办公室与阿拉伯信息通信技术组织，在突尼斯埃尔贾扎拉科技园联合举办了中阿北斗/GNSS 中

心落成仪式，成为第一个在海外设立的北斗中心。当前，中国已与韩国、澳大利亚、泰国、马来西亚、印尼、巴基斯坦、新加坡、阿联酋、尼日利亚等国家开展了合作，帮助各国进行卫星导航应用方案设计，积极推广普及北斗应用及建设地基增强系统。在泰国、斯里兰卡建立北斗国际合作"样板间"，然后将北斗科技合作推广至东盟10国和更多亚非国家。北斗系统国际化战略持续推进，以开放心态迎接国际挑战。2017年12月，北斗与GPS发表联合声明，双方经过长达十年的谈判，达成了在国际电联框架下的兼容互操作，为北斗三号进入国际主流导航市场铺平了道路。2018年2月，北斗系统公开了《北斗系统空间信号接口控制文件B3I（1.0版）》，该信号位于B3军用频点，长期以来是国内北斗产业开展高精度研制的关键信号，并未公开，此次发布彰显了北斗系统开放发展的决心和对国内产业界的信心。除此以外，北斗系统积极在国际海事组织、国际民航组织等机构取得认可，在国际多边舞台的参与范围不断扩大，增强了北斗系统的国际影响力和行业地位。2018年，随着北斗三号基本系统建成并服务"一带一路"沿线国家，"中国精度"将在"一带一路"战略中成为新的中国名片，北斗系统将与其他全球卫星导航系统一起，在竞争中寻求合作和共赢，推动卫星导航技术更好地为人类经济和社会发展服务。

第二节　发展预测

一、我国卫星导航产业总体规模测算

2017年5月，中国卫星导航定位协会发布了《2016年度中国卫星导航与位置服务产业发展白皮书》。该白皮书显示，2016年我国卫星导航与位置服务产业总体产值已达2118亿元，突破2000亿元大关，较2015年增长22.06%，其中北斗对产业核心产值的贡献率已达到70%。据前瞻产业研究院《中国导航设备行业市场前瞻与投资战略规划分析报告》显示，2017年中国卫星导航与位置服务产业总体产值已超过2500亿元。《国家卫星导航产业中长期发展

规划》提出，到2020年，我国卫星导航产业规模将超过4000亿元，北斗产业规模将达到2400亿元。

我们对2018年及未来一段时期我国卫星导航产业发展形势作出如下分析判断。我国北斗卫星导航系统进入全球组网的密集发射阶段，带动"一带一路"等海外应用加速度发展；高精度地基增强等前期基础设施建设基本完成，高精度应用进入爆发期，并于2018年出现大幅增长；基础芯片模块等领域取得重大进展，与IoT、智慧城市等产业紧密结合呈现新增长点。同时2018年国外卫星导航系统建设尚未完成，面临的国际竞争压力相对较小，将成为我国卫星导航产业增强的黄金年份，2020年后随着Galileo和GPS系统现代化投入运营，增速预期减缓。参考各研究机构预测和数据，我们测算，2017年，我国卫星导航产业产值约2650亿元，2018年，产值有望达到3246亿元，同比增长22.5%。

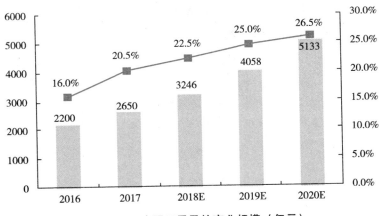

图 25 – 1　我国卫星导航产业规模（亿元）

数据来源：赛迪智库整理，2018年2月。

二、北斗卫星导航产业规模测算

2017年末召开的北斗五周年新闻发布会上，中国卫星导航系统管理办公室主任、北斗卫星导航系统发言人冉承其透露，在国家安全和重点领域，北斗已经开始进入"标配化"使用阶段，同时，北斗在大众消费领域的应用也有所突破。受军队改革、高精度应用等产业利好消息及地方支持政策影响，考虑北斗三号和"一带一路"发展预期，参考相关研究机构预测数据，我们测算，2017年，我国北斗卫星导航产业规模约1272亿元，2018年将达到1724亿元，同比增长35.5%。

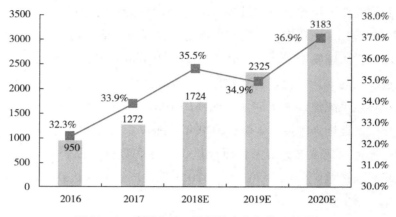

图25-2　我国北斗卫星导航产业规模（亿元）

数据来源：赛迪智库整理，2018年2月。

后 记

《2017—2018 年中国北斗导航产业发展蓝皮书》是在我国北斗卫星导航系统步入全球组网和北斗卫星导航产业持续深入发展的背景下，由中国电子信息产业发展研究院赛迪智库军民结合研究所撰写完成，力求为中央及各级地方政府、相关企业及研究人员把握产业发展脉络、研判北斗卫星导航产业前沿趋势提供参考。

本书由曲大伟担任主编。全书主要分为综合篇、行业篇、区域篇、企业篇、政策篇、热点篇和展望篇，各篇章撰写人员如下：李宏伟负责书稿的整体设计并组织实施，张力撰写综合篇，杨少鲜撰写行业篇，张新征撰写区域篇、企业篇，刘洋撰写政策篇，吴乐撰写热点篇，袁素撰写展望篇。

本书撰写过程中得到了工业和信息化部相关领导、卫星导航领域专家的悉心指导和大力支持，在此一并表示诚挚的感谢。

本书虽经过研究人员和专家的严谨思考和不懈努力，但由于能力和水平所限，疏漏和不足之处在所难免，敬请广大读者和专家批评指正。同时，希望本书的出版，能为我国北斗卫星导航产业的健康持续发展提供有力支撑。

思想，还是思想
才使我们与众不同

《赛迪专报》	《两化融合研究》	《财经研究》
《赛迪译丛》	《互联网研究》	《装备工业研究》
《赛迪智库·软科学》	《网络空间研究》	《消费品工业研究》
《赛迪智库·国际观察》	《电子信息产业研究》	《工业节能与环保研究》
《赛迪智库·前瞻》	《软件与信息服务研究》	《安全产业研究》
《赛迪智库·视点》	《工业和信息化研究》	《产业政策研究》
《赛迪智库·动向》	《工业经济研究》	《中小企业研究》
《赛迪智库·案例》	《工业科技研究》	《无线电管理研究》
《赛迪智库·数据》	《世界工业研究》	《集成电路研究》
《智说新论》	《原材料工业研究》	《政策法规研究》
《书说新语》		《军民结合研究》

编 辑 部：工业和信息化赛迪研究院
通讯地址：北京市海淀区万寿路27号院8号楼12层
邮政编码：100846
联 系 人：王 乐
联系电话：010-68200552 13701083941
传　　真：010-68209616
网　　址：www.ccidwise.com
电子邮件：wangle@ccidgroup.com

咨询翘楚在这里汇聚

信息化研究中心	工业化研究中心	规划研究所
电子信息产业研究所	工业经济研究所	产业政策研究所
软件产业研究所	工业科技研究所	军民结合研究所
网络空间研究所	装备工业研究所	中小企业研究所
无线电管理研究所	消费品工业研究所	政策法规研究所
互联网研究所	原材料工业研究所	世界工业研究所
集成电路研究所	工业节能与环保研究所	安全产业研究所

编 辑 部：工业和信息化赛迪研究院
通讯地址：北京市海淀区万寿路27号院8号楼12层
邮政编码：100846
联 系 人：王 乐
联系电话：010-68200552 13701083941
传　　真：010-68209616
网　　址：www.ccidwise.com
电子邮件：wangle@ccidgroup.com